Sherien M. El-Daly
Jihan Hussein
Shaimaa Gouhar

O efeito vital dos polifenóis na expressão do miRNA na terapia do cancro

Sherien M. El-Daly
Jihan Hussein
Shaimaa Gouhar

O efeito vital dos polifenóis na expressão do miRNA na terapia do cancro

ScienciaScripts

This book is a translation from the original published under ISBN 978-620-2-07545-9.

Publisher:
Sciencia Scripts
is a trademark of
Dodo Books Indian Ocean Ltd. and OmniScriptum S.R.L publishing group

120 High Road, East Finchley, London, N2 9ED, United Kingdom
Str. Armeneasca 28/1, office 1, Chisinau MD-2012, Republic of Moldova, Europe
Printed at: see last page
ISBN: 978-620-7-91556-9

Conteúdo

Resumo

Há um interesse crescente na utilização de componentes alimentares naturais para prevenir e mesmo inverter o risco ou a gravidade de várias doenças crónicas. Estudos epidemiológicos sugerem que uma ingestão elevada de frutas e legumes ricos em polifenóis pode estar associada a uma diminuição do risco de cancro. Os polifenóis estão divididos em várias classes, de acordo com as suas estruturas químicas, e têm sido associados a vários benefícios para a saúde, especialmente o seu efeito anticancerígeno fundamental. Os polifenóis têm sido implicados na regulação de diferentes vias envolvidas no processo de carcinogénese. O desenvolvimento da genómica e do microarray permitiu avanços na decifração dos mecanismos moleculares subjacentes ao efeito anticancerígeno dos polifenóis. Os microRNAs (miRNAs) são importantes reguladores de muitos processos celulares fundamentais, incluindo o desenvolvimento do cancro. Por conseguinte, os miRNAs actuam como uma nova camada de regulação genética para mediar o processo de carcinogénese, em que a desregulação de um único miRNA é suficiente para a transformação neoplásica das células. Por conseguinte, visar ou modular a expressão de miRNAs utilizando polifenóis poderia ser um dos mecanismos fundamentais através dos quais os polifenóis exercem o seu efeito anticancerígeno.

Neste documento, analisamos o potencial efeito anticancerígeno das diferentes subclasses de polifenóis em vários cancros humanos, através da modulação da expressão de numerosos miRNAs que estão envolvidos em vias oncogénicas e supressoras de tumores, e fornecemos uma visão geral dos novos mecanismos de ação destes compostos naturais bioactivos.

Introdução

O cancro é considerado uma das doenças mais devastadoras e mortais do mundo e representa a segunda principal causa de morte a nível mundial, com cerca de 14 milhões de novos casos e 8,2 milhões de mortes relacionadas com o cancro em 2012 (Jemal et al. 2010). Prevê-se que a taxa de incidência do cancro aumente com o tempo, em resultado do envelhecimento da população mundial (Siegel et al. 2012).

O cancro é um processo com várias etapas, em que as células normais que adquiriram alterações genéticas progridem rapidamente através de uma série de etapas pré-malignas para um cancro invasivo que pode ser seguido por um estado de disseminação por todo o corpo. Estas etapas estão resumidas em "iniciação-progressão-metástase", as 3 etapas do processo de carcinogénese (Hanahan & Weinberg 2000). Ao longo dos anos, o processo de carcinogénese tem sido alvo de estudos, uma vez que a delineação dos marcadores moleculares que controlam este processo pode ser a chave para encontrar um tratamento definitivo.

Os genes codificadores de proteínas têm sido o foco da investigação sobre o cancro ao longo dos anos, no entanto, entretanto, tem havido uma grande mudança com o papel emergente dos miRNAs e outros mecanismos epigenéticos (Baer et al. 2013). Os miRNAs têm sido bem documentados para desempenhar um papel importante no processo de carcinogénese, onde quase 50% dos miRNAs conhecidos estão localizados em regiões genómicas associadas ao cancro, portanto, a expressão aberrante de miRNAs está diretamente envolvida na progressão do cancro (Calin et al. 2004). Os produtos naturais da dieta têm estado fortemente envolvidos no processo de carcinogénese através do controlo de diferentes vias de sinalização como a apoptose, a inflamação, a reparação do ADN e a angiogénese, e uma vez que estes processos são também regulados por miRNAs, o efeito modulador dos compostos bioactivos da dieta na expressão de miRNA tem sido objeto de intensa investigação (Ross & Davis 2011). A identificação dos alvos moleculares e das vias de sinalização moduladas pela interação miRNA-dieta pode proporcionar uma grande compreensão do efeito anticancerígeno fundamental dos produtos naturais. A manipulação do miRNA com base na dieta pode ser utilizada juntamente com outras formas de terapia anticancerígena como uma modalidade definitiva de tratamento do cancro (Parasramka et al. 2012).

Neste livro, apresentamos os dados mais recentes sobre a eficácia dos polifenóis como agentes anticancerígenos promissores através da modulação da expressão de miRNAs em diferentes tipos de cancro.

Capítulo 1. Biogénese e mecanismo de ação dos miRNA

Os microRNAs (miRNAs) são pequenas moléculas endógenas de RNA não codificante (18-22 nucleótidos) que desempenham um papel importante na regulação da expressão genética através de um efeito pós-transcricional. Num estado fisiológico normal, os miRNAs funcionam como mecanismos de feedback, regulando processos biológicos importantes, incluindo a proliferação, diferenciação e sobrevivência das células. No entanto, a desregulação da expressão de um único miRNA ou de um pequeno subconjunto de miRNAs pode ter um efeito tremendo no padrão de expressão de uma enorme quantidade de genes e, consequentemente, nas principais vias de sinalização (Bartel 2004). Os miRNAs são transcritos pela RNA polimerase II (Pol II) numa sequência longa de pri-miRNA, a que se segue uma clivagem enzimática no núcleo pela Drosha (uma RNase de tipo III), resultando no pré-miRNA, que é uma sequência precursora de 65-70 nucleótidos. Em seguida, o pré-miRNA é exportado do núcleo para o citoplasma pela Exportina-5/Ran-GTP, onde é processado pela endonuclease RNase III (Dicer/TRBP) numa molécula duplex que contém um miRNA maduro de cadeia simples e um fragmento de miRNA*. Este duplex de miRNA desenrola-se então para produzir um miRNA de cadeia simples. O miRNA maduro liga-se então a uma proteína Argonauta (Ago) e incorpora-se no complexo de silenciamento induzido por RNA (RISC). O complexo RISC-miRNA pode então ter como alvo 3'UTR de mRNAs com um sítio alvo complementar para uma degradação completa do mRNA em caso de complementaridade perfeita ou repressão translacional em caso de complementaridade imperfeita (Achkar et al. 2016). Nos seres humanos, os miRNAs reduzem principalmente a tradução dos seus genes-alvo e raramente causam a degradação ou clivagem do mRNA. O efeito profundo do miRNA em diferentes vias de sinalização decorre do facto de um único miRNA poder ter como alvo até várias centenas de mRNAs, pelo que a expressão aberrante de miRNA resultante pode afetar uma multiplicidade de transcrições (Bartel 2004).

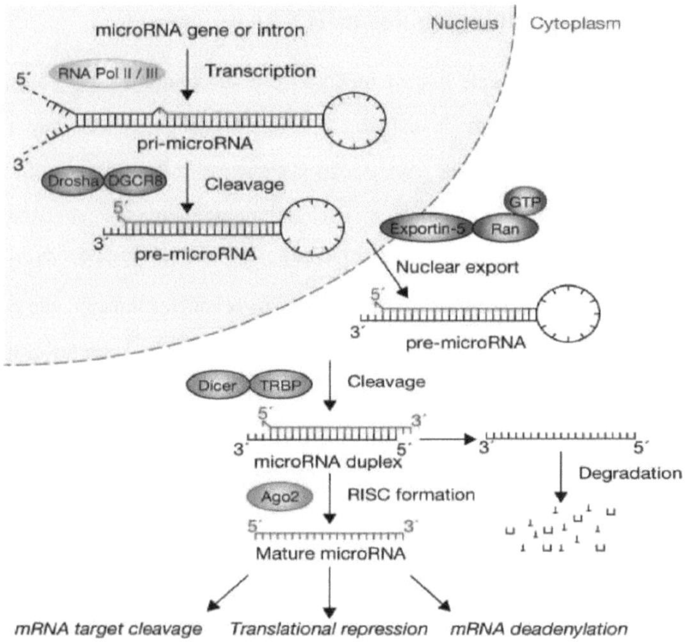

Figura 1: Biossíntese dos miRNAs e seu mecanismo de ação (Winter et al. 2009)

Capítulo 2. O papel biológico dos miRNAs no cancro

Existem provas consideráveis de que os miRNAs e a sua maquinaria de biogénese estão envolvidos no desenvolvimento do cancro. A primeira documentação que relaciona os miRNAs com o cancro surgiu da constatação de que os miR- 15a e miR-16a (ambos localizados no cromossoma 13q14) estão significativamente regulados para baixo na maioria dos casos de leucemia linfocítica crónica (CLL) (Pekarsky & Croce 2015) . Com o progresso da investigação que relaciona os miRNAs e o cancro, os relatórios indicam que cerca de 50% dos genes dos miRNAs estão localizados em sítios frágeis (regiões genómicas associadas ao cancro). A análise da expressão por microarray de uma vasta gama de amostras de tecidos cancerosos provou que a expressão aberrante de miRNAs é um evento comum em todos os tipos de cancro. Com base nas suas funções, os miRNAs foram caracterizados como supressores de tumores ou oncogenes.

2.1 miRNAs com potencial oncogénico

A amplificação/sobreexpressão de miRNAs pode efetivamente regular negativamente um supressor de tumor ou outros genes envolvidos na diferenciação celular, contribuindo assim para a formação de tumores, pelo que esta classe de miRNAs actua como oncogenes. Um dos miRNA oncogénicos mais importantes é o miR-21, que tem uma função anti-apoptótica e é significativamente regulado por via ascendente no tecido tumoral em comparação com o normal. A inativação/supressão da expressão do miR-21 pode induzir eficazmente a apoptose e inibir a progressão maligna (Asangani et al. 2008).

O cluster Mir-17-92 é outro importante miRNA oncogénico. O cluster Mir-17-92 (que é composto por sete miRNAs) é um policístron de miRNA localizado no cromossoma 13q31, um locus genómico que está amplificado em vários tipos de cancro, especificamente nas formas agressivas de cancro do pulmão e linfoma. A sobre-expressão do cluster miR-17-92 é uma das características da forma agressiva do cancro do pulmão (Olive et al. 2010)

2.2 miRNAs que funcionam como supressores de tumores

Ao contrário dos miRNAs oncogénicos, alguns miRNAs foram descritos como estando regulados para baixo no tecido tumoral em comparação com o normal, sendo assim considerados como tendo uma atividade supressora de tumores. Os miRNAs supressores de tumores podem suprimir o desenvolvimento tumoral através da inibição negativa de oncogenes e/ou genes que controlam a diferenciação celular e/ou a apoptose.

Um dos miRNA mais estudados com atividade supressora de tumores é o da família let-7

A família let-7 é constituída por vários miRNAs (let-7, miR-48, miR-84 e miR-241), tendo sido relatada uma regulação negativa da expressão desta família de miRNAs ou mesmo a sua perda em vários tipos de cancro, e esta regulação negativa foi correlacionada com o prognóstico do cancro e uma sobrevivência mais curta (Yong & Dutta 2007). Foi revelado que a família Let-7 de miRNAs altera a progressão do ciclo celular no cancro através das suas acções em vários genes envolvidos no ciclo celular e na divisão celular, o que sugere que o let-7 actua como supressor de tumores através do controlo da via de proliferação celular. A atividade supressora de tumores da família let-7 pode ser atribuída à sua capacidade de inibir vários oncogenes potentes, como o oncogene RAS. Foi documentado que a restauração do nível de Let-7 reduziu significativamente o crescimento tumoral num modelo de cancro do pulmão KRAS (Esquela-Kerscher et al. 2008).

Entre os miRNAs supressores de tumores bem conhecidos, a família miR-34 tem recebido muita atenção. Foi relatado que esta família de miRs (miR-34a, miR-34b e miR-34c) se encontra significativamente desregulada em diferentes tipos de cancro e é regulada transcricionalmente pelo p53. Os genes alvo da família miR-34 estão envolvidos na regulação da progressão do ciclo celular, apoptose, reparação do ADN e angiogénese. Os genes-alvo mais proeminentes deste miRNA são as cinases dependentes da ciclina (CD4, CD6), os genes anti-apoptóticos (BCL-2) e as proteínas MET e MYC relacionadas com a metástase (Hermeking 2010).

Capítulo 3. A potencial utilização dos miRNAs na terapia do cancro

O envolvimento dos miRNAs no controlo da iniciação, progressão e metástase do cancro e o efeito oncogénico ou supressor de tumores detectado nos miRNas, conferiram aos miRNas o potencial de serem utilizados como marcadores de diagnóstico e/ou ferramentas terapêuticas. A modulação dos níveis de expressão dos miRNAs tem sido objeto de intensa investigação como uma abordagem promissora para a terapia do cancro. A modulação dos níveis de miRNAs tem sido aplicada na terapia do cancro através da regulação negativa de miRNAs oncogénicos (OncomiRs) e da regulação positiva de miRNAs supressores de tumores, obtendo-se efeitos anticancerígenos promissores (Tong & Nemunaitis 2008).

A regulação negativa ou a inibição da expressão de miRNAs oncogénicos tem sido conseguida através da administração de oligonucleótidos antisense quimicamente modificados "Antagomirs". Vários estudos indicaram que a administração de antagomirs para miRNAs oncogénicos bem conhecidos, como o antagomir-122, o antagomir-21 e outros, demonstrou um potencial efeito anticancerígeno e reduziu eficazmente o tamanho do tumor através da redução dos níveis destes miRNAs oncogénicos, afectando subsequentemente a expressão dos genes alvo e das vias moleculares a jusante (Mattes et al. 2007).

Por outro lado, a administração de miRNAs supressores de tumores ou a introdução de pré-miR de forma a restaurar os seus níveis, tem sido capaz de elevar o nível destes miRNas supressores de tumores e, eventualmente, suprimir a expressão dos seus genes-alvo oncogénicos. Por exemplo, a introdução do pré-miR-200 através de injeção na veia caudal num modelo de rato com metástases pulmonares de cancro da mama resultou numa diminuição significativa das células de cancro da mama com metástases (Ahmad et al. 2011). O restabelecimento do nível do supressor tumoral miR-34 foi também documentado para reduzir o comportamento maligno e inibir a angiogénese em diferentes tipos de cancro (Chang et al. 2007). A modulação dos níveis de miRNAs para efeitos de tratamento do cancro tem sido aplicada com êxito *in vitro* e *in vivo*, mas ainda não é eficazmente aplicada na clínica.

Vários relatórios documentaram a modulação significativa do perfil de expressão dos miRNAs após a administração de agentes naturais (compostos derivados de plantas), pelo que a regulação dos miRNAs por agentes naturais na terapia do cancro está a ganhar muita atenção no campo da investigação do cancro.

Capítulo 4. Cancro e produtos naturais

Embora as modalidades comuns de tratamento do cancro, como a quimioterapia, tenham apresentado resultados bem sucedidos, a resistência aos medicamentos e a toxicidade grave dos tecidos normais são obstáculos que impedem uma resposta completa dos doentes. Por conseguinte, a procura de um agente anticancerígeno seguro e potente está sempre em curso. Vários produtos naturais têm sido relatados como oferecendo os privilégios de um agente anticancerígeno seguro e potente (Demain & Vaishnav 2011). Evidências de muitos estudos epidemiológicos demonstraram claramente que a ingestão de dietas ricas em frutas e vegetais diminui significativamente a ocorrência de cancro devido à presença de metabolitos secundários bioactivos não nutritivos como os polifenóis (Tantamango-Bartley et al. 2013) . Estudos epidemiológicos realizados para explicar porque é que a população asiática tem taxas muito baixas de cancro do esófago e do pulmão, e os investigadores descobriram que isso pode ser o resultado do elevado consumo de chá verde, que é rico em catequinas "um polifenol potente" (Yuan 2011). Na mesma linha e com o objetivo de encontrar uma explicação para o "paradoxo francês", em que esta população se caracteriza por um risco reduzido de doenças cardiovasculares apesar da ingestão de dietas ricas em gordura, o elevado consumo de vinho tinto rico em resveratrol foi considerado uma das razões (Yang et al. 2014; Catalgol et al. 2012). Estes relatórios epidemiológicos, para além de muitos outros, sugerem claramente que uma ingestão elevada de uma dieta rica em polifenóis está associada a uma diminuição do risco de várias doenças crónicas, incluindo o cancro. Isto pode explicar porque é que a maioria dos agentes anti-tumorais utilizados no campo da medicina estão relacionados com produtos naturais; quase 47% dos medicamentos anticancerígenos aprovados pela FDA são derivados de produtos naturais e plantas (Cragg & Newman 2005; Newman & Cragg 2012; Balunas & Kinghorn 2005).

A utilização de produtos naturais na prevenção e/ou tratamento do cancro é promissora, não só devido à sua toxicidade mínima em comparação com os agentes quimioterapêuticos convencionais, mas também devido à sua capacidade de atuar sobre várias vias de sinalização. Por conseguinte, a utilização de produtos naturais na terapia do cancro está a ganhar mais atenção, uma vez que podem ser utilizados eficazmente sozinhos ou como adjuvantes em combinação com os medicamentos quimioterapêuticos comuns

Capítulo 5. Os polifenóis

Os polifenóis são considerados como a classe mais abundante e diversificada de fitoquímicos distribuídos em frutas, legumes, ervas, óleos, bebidas (como chá, café e vinho) e outros suplementos alimentares e têm sido relatados como tendo potentes efeitos antioxidantes, anti-inflamatórios e antiproliferativos. Muitos estudos epidemiológicos, clínicos ou em animais sugeriram uma forte correlação entre o consumo elevado de dietas ricas em polifenóis e a prevenção de diferentes doenças (Abuajah et al. 2015).

Estima-se que a ingestão média diária de polifenóis totais nos alimentos seja da ordem de 1-1,2 g por dia. Durante a absorção dos polifenóis, as formas que atingem o sangue e acabam por afetar os tecidos são metabolitos conjugados (derivados metilados, glucuronidados e sulfatados) que são quimicamente distintos dos compostos de polifenóis originais encontrados na natureza (Bohn 2014).

A estrutura química dos polifenóis distingue-se pela presença de um ou mais grupos fenólicos por molécula (um grupo hidroxilo ligado a um anel aromático), esta estrutura é capaz de abolir os radicais livres nocivos no interior da célula, o que pode explicar o potente efeito anti-oxidante dos polifenóis (Perron & Brumaghim 2009)

Os polifenóis estão divididos em várias classes, dependendo das suas estruturas químicas; os ácidos fenólicos, os flavonóides, os lignanos, os estilbenos e um grupo específico de curcuminóides são considerados as classes mais importantes de polifenóis e cada classe tem várias subclasses (Fig. 2). Neste livro, centrar-nos-emos nas subclasses de polifenóis que têm sido relatadas como tendo um efeito anticancerígeno através da modulação da expressão de miRNAs específicos.

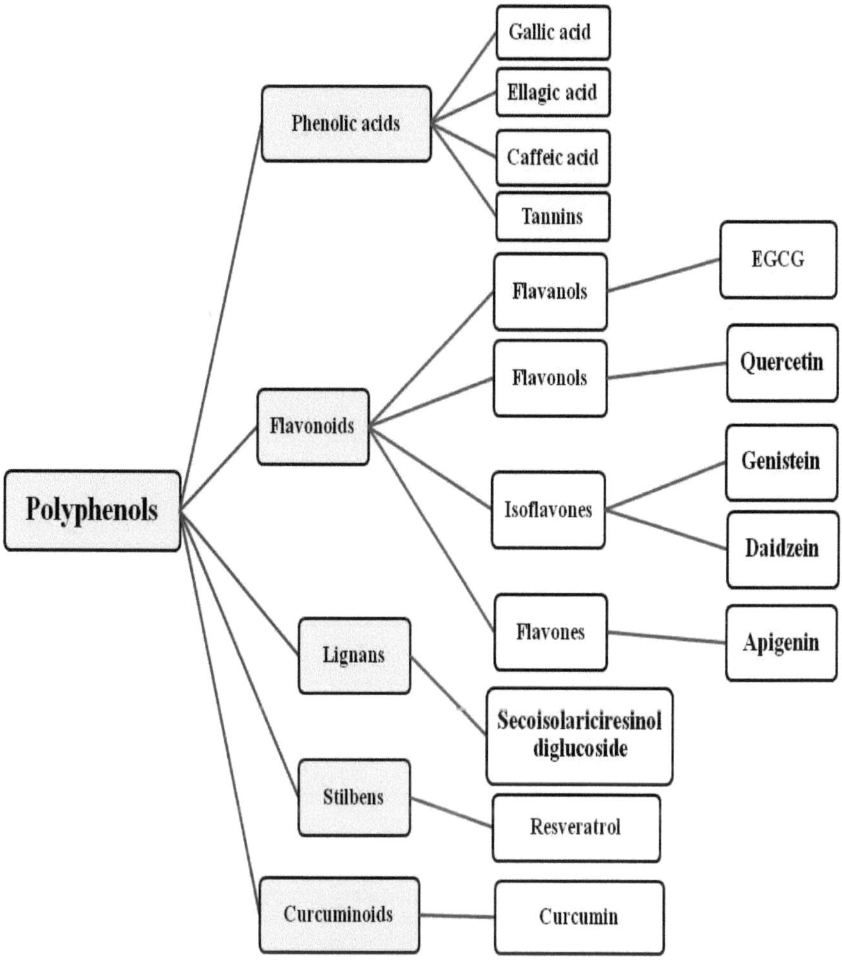

Figura 2: As diferentes classes e subclasses de polifenóis

1. <u>Ácidos fenólicos</u>

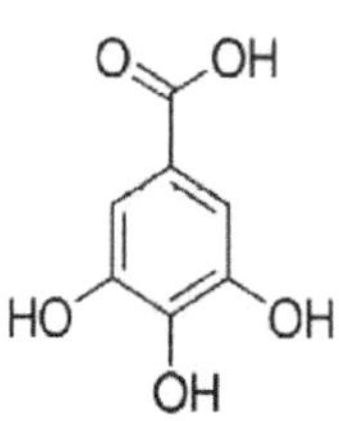

Gallic acid

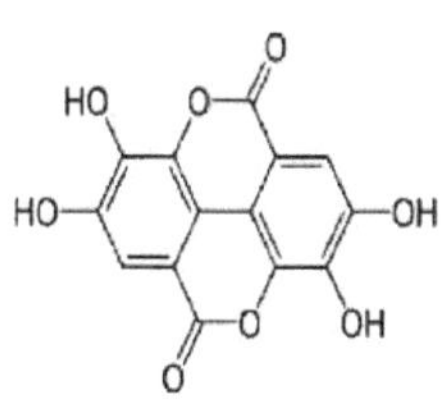

Ellagic acid

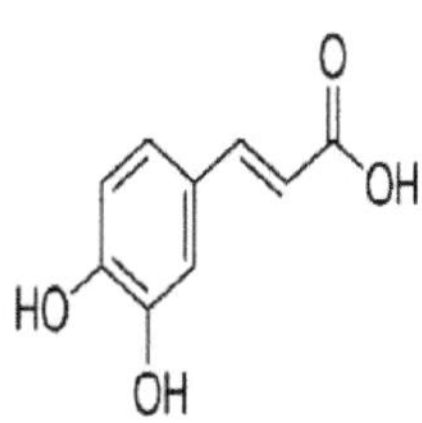

Caffeic acid

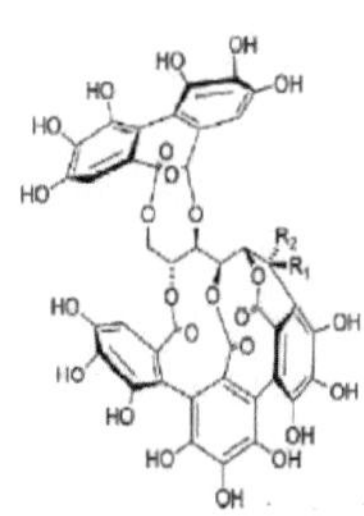

Ellagitannin

2. Flavonóides

2.1. Flavanols

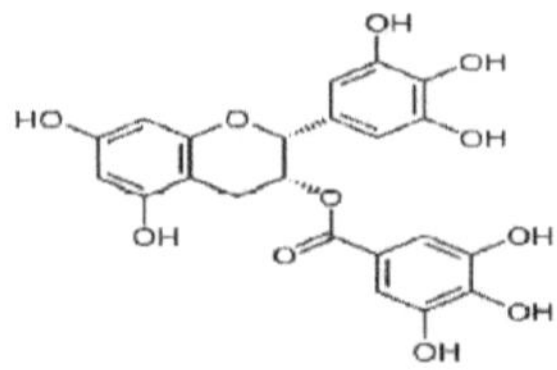

Epigallocatechin gallate

2.2. Flavonols

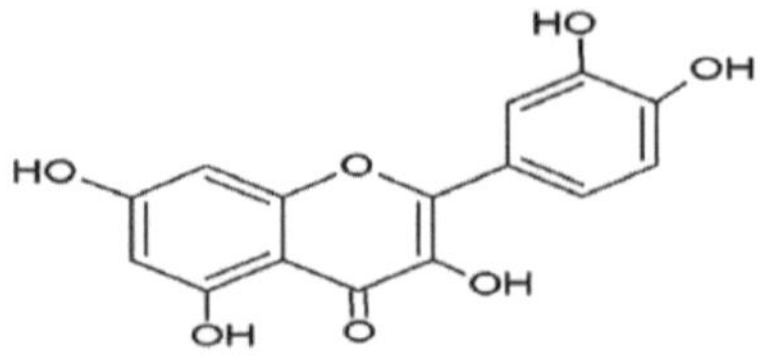

Quercetin

2.3. Isoflavones

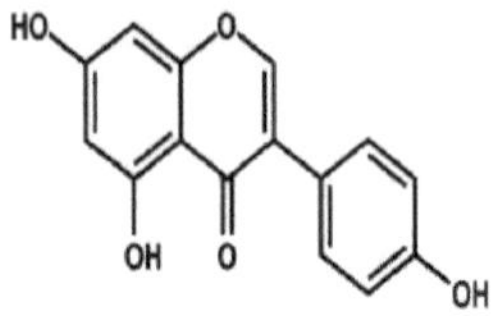

Genistein

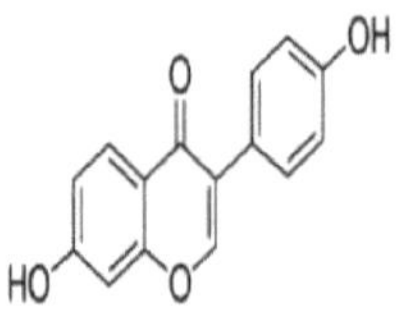

Daidzein

2.4. Flavones

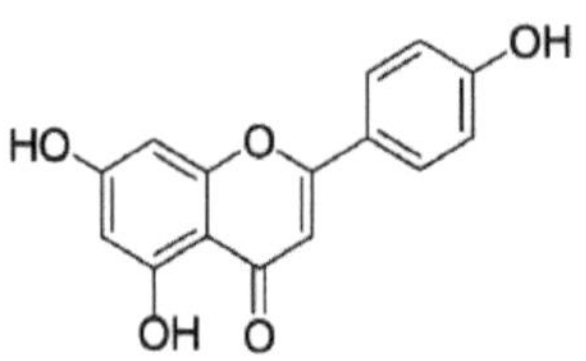

Apigenin

3. Lignans

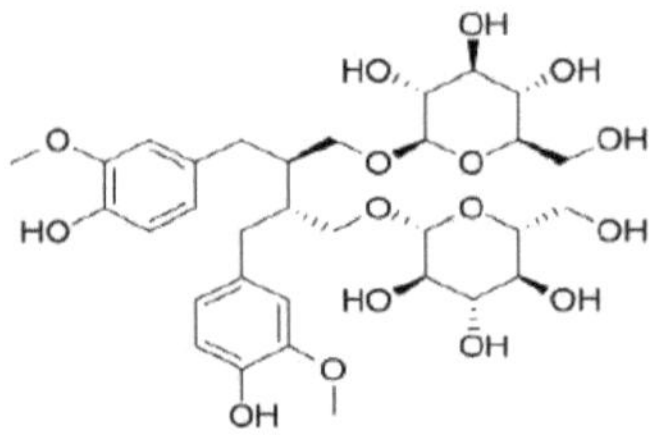

Secoisolariciresinol diglucoside

4. Stilbens

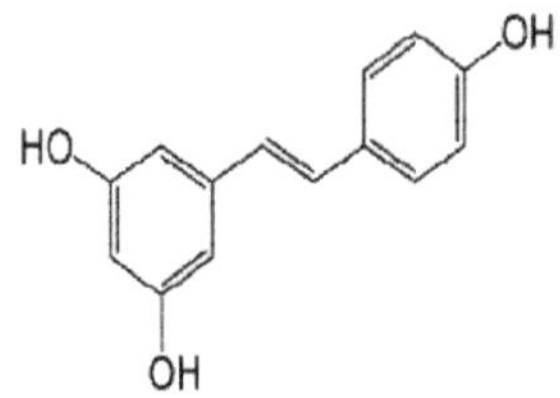

Resveratrol

5. Curcuminóides

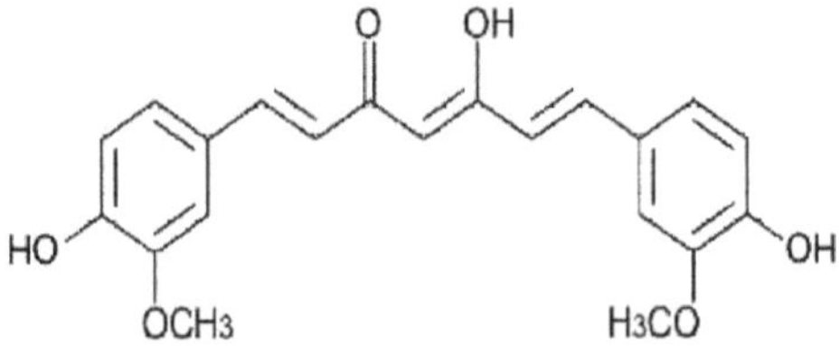

Curcumin

Fig. 3: Estrutura química dos polifenóis abordados neste livro

Capítulo 6. Efeito dos polifenóis na expressão do miRNA

Descobriu-se que os produtos naturais, incluindo os polifenóis, exercem o seu efeito anticancerígeno através da modulação de várias vias moleculares envolvidas no processo de carcinogénese, incluindo a apoptose, a inflamação, a proliferação celular, o controlo do ciclo celular e a angiogénese, e uma vez que estes processos biológicos são os mesmos que são controlados e regulados pelos miRNAs, existem fortes indícios de que o efeito anticancerígeno dos polifenóis é controlado pela modulação da expressão dos miRNAs (Milenkovic et al. 2013).

6.1 Ácidos fenólicos

Os ácidos fenólicos são uma das principais classes de compostos polifenólicos (Fig. 2). Os ácidos fenólicos subdividem-se em duas grandes classes: ácidos hidroxibenzóicos (ácido gálico, elagitaninos, ácido vanílico, ácido siríngico) e ácidos hidroxicinâmicos (ácido cafeico, ácido p-cumárico, ácido sinápico, ácido ferúlico e ácido clorogénico) (Lafay & Gil-Izquierdo 2008).

Com todas estas subclasses, centrar-nos-emos nas subclasses de ácidos fenólicos que foram documentadas como exercendo o seu efeito anticancerígeno através da modulação do nível de expressão de miRNAs específicos

6.1.1 Ácido gálico (GA)

O ácido gálico (GA) é um dos compostos polifenólicos importantes que têm sido referidos como estando envolvidos no tratamento do cancro devido à sua capacidade de suprimir a proliferação, a viabilidade celular, a invasão e a angiogénese de diferentes tipos de cancro, mas vários estudos centraram-se no efeito do GA em linhas celulares de glioma humano (Lu et al. 2010).

Foi relatado que o ácido gálico demonstra um efeito antiproliferativo eficiente na linha celular de glioma T98G (Paolini et al. 2015), este efeito antitumoral foi mediado pela expressão diferencial de três miRNAs; miR-17-3p, miR-21-5p e miR-42. O miR-17-3p é bem conhecido pela sua capacidade de suprimir a expressão das enzimas antioxidantes mitocondriais (glutationa peroxidase-2, superóxido dismutase de manganês e tioredoxina redutase). O miR-21-5p funciona regulando negativamente a expressão da proteína p21 na rede p53, e o miR-421 é um supressor de tumores reconhecido pela sua capacidade de regular o ponto de controlo da fase S do ciclo celular através da expressão do gene ataxia telangiectasia mutated (ATM) e também de regular a sensibilidade celular à radiação ionizante. Além disso, mir-421 está envolvido na via do fator de crescimento transformador β (TGF-β). De acordo com o estudo de (Paolini et al. 2015), o efeito do GA nas células glionma foi através de uma regulação epigenética dependente da dose desses três miRNAs mencionados, onde em baixas doses de GA (até 25 μg / ml) a expressão de todos os 3 miRNAs foi reduzida acompanhada por um aumento na capacidade antioxidante mitocondrial, que poderia ser considerado como um efeito eficiente do GA atuando como eliminador de radicais. No entanto, em doses elevadas de GA (até 100μg/ml), os níveis dos três miRNAs foram elevados e, consequentemente, a capacidade antioxidante mitocondrial foi reduzida (seguindo o aumento da expressão do miR-17-3p). Ao mesmo tempo, observou-se uma redução da proliferação celular (como resultado da elevação do miR-21-5p) e uma diminuição da capacidade celular de reparação de danos (como resultado da elevação do mir-421) após as doses elevadas de GA. Este estudo conseguiu provar a funcionalidade dos polifenóis (neste caso o ácido gálico) como agentes anticancerígenos eficazes; no entanto, a concentração útil a aplicar ainda não é clara.

Outro estudo que delineou o efeito anti-tumoral da GA e o seu efeito na expressão de miRNA é o estudo de (Liang et al. 2014). Neste estudo, o tratamento de células de condrossarcoma humano (SW1353) com diferentes doses de GA foi capaz de inibir a viabilidade celular e a capacidade migratória das células de condrossarcoma num padrão dependente da dose e do tempo. Além disso, o tratamento de SW1353 com GA foi capaz de induzir a via apoptótica dependente da mitocôndria, que foi revelada pela regulação negativa de Bcl-2 e, ao mesmo tempo, pela ativação da proteína pró-apoptótica Bax e das caspases-3 e -9.

Para explorar o mecanismo molecular subjacente ao efeito apoptótico induzido pela GA, foi aplicada uma matriz de expressão miRCURY LNA para avaliar a expressão diferencial de miRNAs após o tratamento com GA. Os resultados da matriz revelaram uma elevação significativa do miR-518b, indicando o envolvimento deste miRNA no efeito apoptótico da GA

6.1.2 Elagitaninos

Os elagitaninos (ETs) são polifenóis que se encontram nas framboesas, nozes e romã. Os elagitaninos são metabolizados pelo microbiota intestinal para formar vários derivados; o produto de hidrólise mais importante é o ácido elágico (Clifford & Scalbert 2000).

Os ETs e os seus derivados têm recebido muita atenção nos últimos anos devido ao seu efeito antineoplásico. Os efeitos quimiopreventivos e/ou quimioterapêuticos dos ET e seus derivados têm sido atribuídos principalmente às suas funções anti-oxidantes e anti-inflamatórias. Os efeitos anti-proliferativos directos dos ETs e derivados foram atribuídos a vários mecanismos moleculares, incluindo a paragem do ciclo celular e o reforço da via apoptótica mitocondrial em diferentes tipos de cancro, como os cancros da próstata, colorrectal, cervical, da mama e do fígado (Heber 2008).

Nos carcinomas hepatocelulares, o efeito anti-proliferativo do Ellagitannin (BJA3121) foi associado à modificação da expressão de 25 miRNAs em células cancerígenas HepG2 humanas de uma forma dependente da dose e do tempo. Dos 25 miRNAs desregulados, 17 foram registados como estando regulados positivamente e 8 como estando regulados negativamente. Utilizando a PCR em tempo real para validar os 25 miRNAs desregulados; 4 miRNAs foram consistentemente regulados positivamente após o tratamento com Ellagitannin (BJA3121) (let-7e, miR-370, miR-373* e miR-526b) e 3 miRNAs regulados negativamente (let-7a, let-7c e let-7d). Ao analisar a associação dos miRNAs desregulados e dos seus genes-alvo putativos, concluiu-se que a maioria dos alvos está funcionalmente envolvida na diferenciação e proliferação celular (Wen et al. 2009).

A hidrólise dos elagitaninos em ácido elágico e outros metabolitos como (Uro-A, isoUrolitina A (IsoUro-A) e Uro-B) é um processo metabólico que depende do microbiota do cólon dos indivíduos e é responsável, em parte, pelo potencial efeito antitumoral dos elagitaninos. Foi relatado que os catabolitos derivados do elagitanino, o ácido elágico e o Uros inibem a proliferação de células cancerígenas colorrectais através da indução da paragem do ciclo celular e da via apoptótica. Os mecanismos moleculares responsáveis por estes efeitos são atribuídos à regulação negativa detectada do miR-224 após o tratamento com uma mistura de catabolitos derivados do elagitanino (González-Sarrías et al. 2016). O miR-224 é um oncomiR que tem como alvo a p21 e que já foi referido anteriormente como sendo um alvo terapêutico para o cancro colorrectal. A regulação negativa detectada do miR-224 após o tratamento com uma mistura de Ellagitannins-metabolitos foi acompanhada por uma indução significativa no gene que codifica o p21 (inibidor da quinase dependente da ciclina 1A,

CDKN1A) (González-Sarrías et al. 2016).

Verificou-se que o efeito antitumoral do ácido elágico e a sua capacidade de reduzir significativamente o volume do tumor num modelo de rato com tumorigénese mamária são mediados pela regulação de miRNAs específicos. No estudo de (Munagala et al. 2013), o ácido elágico foi capaz de reduzir a expressão de miRNAs oncogénicos (miR- 182 -183, e -375) e aumentou os níveis de expressão de miRNAs supressores de tumor (miR-122, -127 e -206) após o tratamento do modelo de rato com tumorigénese mamária mediada por 17beta-estradiol (E2) com ácido elágico administrado através da dieta (400 ppm). Com a utilização das ferramentas computacionais de previsão de alvos para fornecer uma visão geral das redes moleculares reguladas por estes miRNAs desregulados, verificou-se que a maioria dos alvos está associada à sinalização do recetor de estrogénio e às vias de sinalização do cancro da mama dependentes do E2.

6.1.2. Ácido cafeico

A subclasse polifenólica do ácido cafeico é um derivado natural do ácido hidroxicinâmico que se encontra em muitos produtos naturais, mas os grãos de café são a fonte mais rica deste polifenol. Está bem documentado que o ácido cafeico tem várias propriedades biológicas e farmacológicas, incluindo propriedades antivirais, anti-inflamatórias, antioxidantes, anti-hipertensivas e imunomoduladoras. Para além destas funções, o ácido cafeico exerce um efeito antitumoral (Gulgin 2006). Foi relatado que o ácido cafeico reduz eficazmente a viabilidade das células do carcinoma hepatocelular. Além disso, em vários estudos, o ácido cafeico foi considerado como um inibidor potente e específico do fator nuclear NF-kappa-B e dos mediadores inflamatórios a jusante (óxido nítrico sintase, prostaglandina E2 e ciclooxigenase-2) (Natarajan et al. 1996), recentemente o ácido cafeico foi apontado como um inibidor da metaloproteinase-9 da matriz, que é o principal interveniente na invasão e metástase do tumor (Vilela et al. 2015). Todas estas propriedades conferiram ao ácido cafeico a capacidade de atuar como um promissor agente anticancerígeno.

Também foi relatado que as propriedades antitumorais do ácido cafeico são moduladas pela expressão de miRNA. No estudo de (Li et al. 2015), o ácido cafeico atenuou as propriedades semelhantes às das células estaminais cancerígenas nas células de cancro da mama MDA-MB-231 e nas células de carcinoma hepatocelular MHCC97H através da modulação da expressão de miR-148a. Neste estudo, o tratamento das células com 20uM de ácido cafeico foi capaz de diminuir a expressão dos marcadores das células estaminais cancerígenas (CD44, EpCAM, ALDH-1) e também de diminuir a formação de mamoferóides, o que indica uma redução da capacidade de auto-renovação das células. Além disso, o ácido cafeico foi capaz de inibir a sinalização TGFp/SMAD2. Verificou-se que este efeito repressivo do ácido cafeico se processa através da regulação ascendente do miR-148a, que é capaz de visar e inibir a expressão de SMAD2.

6.2. Flavonóides

Os flavonóides são a maior família de polifenóis que se distribuem por uma vasta gama no reino vegetal. A estrutura química dos flavonóides é composta pela espinha dorsal do flavano, que compreende dois anéis fenólicos ligados por um heterociclo contendo oxigénio, sendo esta a caraterística estrutural partilhada por todos os flavonóides. Os flavonóides estão divididos em várias subclasses, consoante a sua estrutura química: flavanóis, flavonóis, isoflavonas, flavonas, flavanonas e antocianinas (Fig. 3).

Tem sido amplamente relatado que os flavonóides exercem várias actividades biológicas, tais como efeitos antibacterianos, antialérgicos, hepatoprotectores, estrogénicos, antiestrogénicos, antivirais, apoptóticos e anticancerígenos (Busch et al. 2015). Estas actividades biológicas eficazes são atribuídas a vários mecanismos moleculares, como a modulação das actividades das enzimas de desintoxicação, actividades antioxidantes directas e indirectas, inibição de proteínas cinases, efeitos no ciclo celular, modulação da transcrição de genes e actividades epigenéticas como a regulação de miRNAs (Dashwood 2007) (Gilbert & Liu 2010).

6.2.1 Flavanóis

Os flavanóis ou flavan-3-óis subdividem-se ainda em catequina, epicatequina, epigalocatequina, galato de epigalocatequina, teaflavinas, proantocianidinas e tearubiginas.

6.2.1.1 Epigalocatequina-3-galato

A epigalocatequina-3-galato (EGCG) é o polifenol mais abundante e ativo do chá verde. Foi demonstrado que o galato de epigalocatequina do chá verde tem uma potente e ampla atividade anticancerígena em diferentes tipos de cancro, tendo ganho muita atenção por ser um agente farmacologicamente seguro. Além disso, os estudos revelaram que a utilização deste polifenol derivado de plantas em combinação com outros fármacos contra o cancro apresenta um melhor efeito terapêutico (Liebert et al. 2005). Recentemente, foi revelado que os miRNAs poderiam ser um dos alvos moleculares da EGCG subjacentes ao seu efeito anticancerígeno.

O primeiro estudo que se centrou no papel dos miRNAs na mediação do efeito da EGCG foi o estudo de (Tsang & Kwok 2010). Neste estudo, a expressão de alguns miRNAs foi modificada após o tratamento de células de carcinoma hepatocelular (HepG2) com EGCG, conforme revelado pelo rastreio de microarray de miRNA. Treze miRNAs foram regulados positivamente e 48 foram regulados negativamente. Desta lista, o miR-16 foi um dos miRNA significativamente regulados positivamente que se revelou responsável pelo efeito anticancerígeno da EGCG, visando o Bcl-2 e, por conseguinte, aumentando a apoptose nas células tratadas com EGCG em comparação com as células não tratadas. Para confirmar a noção de que o EGCG actua através da via miR-16/Bcl-2 para regular a apoptose, as células HepG2 transfectadas com o inibidor de miR-16 suprimiram significativamente a expressão de miR-16 e contrariaram o efeito do EGCG sobre o Bcl-2, perdendo-se assim a indução da apoptose.

Outro miRNA que também foi relatado como contribuindo para o efeito anticancerígeno da EGCG, mas através de um mecanismo diferente, é o miR-210, que é o principal miRNA induzido em resposta à hipóxia (Wang et al. 2011). Verificou-se que este miRNA foi regulado positivamente em células de cancro do pulmão tratadas com EGCG, tendo esta regulação positiva sido associada a uma redução da taxa de proliferação das células e a uma redução do crescimento independente da ancoragem das células. A regulação positiva do miR-210 foi explicada pela estabilização da proteína HIF-1α nas linhas celulares de cancro do pulmão após o tratamento com EGCG. Por conseguinte, concluiu-se que a regulação positiva do miR-210 é considerada como uma resposta precoce quando as células são tratadas com EGCG, o que contribuiu para a atividade anticancerígena do EGCG (Wang et al. 2011).

Verificou-se também que a EGCG potenciava os efeitos anticancerígenos de outros fármacos, o que também era mediado, em alguns casos, por miRNAs. A combinação de EGCG com N-(4- Hidroxifenil) retinamida (4-HPR), que é um retinoide sintético utilizado na terapia de doentes com neuroblastoma, mostrou um efeito anticancerígeno mais potente do que a utilização de cada composto isoladamente no tratamento do neuroblastoma, através da ativação das vias apoptóticas mediadas pelos receptores e pelas mitocôndrias, e este efeito combinatório melhorado foi mediado pela diminuição da expressão dos OncomiRs (miR-106b, miR-92, miR-93) e pela elevação do nível dos miRs supressores de tumor (miR-34a, miR-7-1 e miR-99a). Para confirmar o papel destes miRs no efeito anticancerígeno combinatório de EGCG mais (4-HPR), a sobreexpressão forçada do oncomiR-93 aboliu o efeito anticancerígeno de EGCG mais 4-HPR, por outro lado; a sobreexpressão do supressor tumoral miR-71 aumentou a eficácia deste tratamento combinatório em linhas celulares de neuroblastoma (Chakrabarti et al. 2012).

Para explorar o efeito potenciador do EGCG na função do conhecido fármaco quimioterapêutico cisplatina e se este é também mediado por uma alteração na expressão do miRNA, o estudo de (Zhou et al. 2014) revelou que o EGCG aumentou a eficácia da cisplatina na linha celular de cancro do pulmão de células não pequenas A549, mas não na NCI-H460, e este efeito potenciador foi associado a uma regulação negativa detectada no nível de miR-98-5p e a uma elevação na p53. Com a utilização de ferramentas de análise bioinformática, foi demonstrado que o miR-98-5p tem uma forte associação com a via de sinalização MAPK, que é responsável pela regulação do crescimento celular. Este estudo sugeriu que o efeito combinatório reforçado do EGCG mais cisplatina é mediado pela regulação negativa do miR-98-5p.

Para confirmar a eficiência do EGCG para atuar como um tratamento adjuvante aos medicamentos quimioterápicos convencionais, o estudo de (Toden et al. 2016) revelou um novo mecanismo molecular para a quimiossensibilização induzida pelo EGCG ao 5-fluorouracil no cancro colorretal, onde se verificou que o efeito de quimiossensibilização do EGCG foi direcionado para a população de células estaminais cancerígenas que é responsável pela resistência ao 5-fluorouracil, este efeito de quimiossensibilização foi mediado pela regulação da expressão de miRNAs responsáveis pelas propriedades semelhantes a estaminais (miR-34a, miR-200c e miR-145). Estes miRNAs supressores de tumores foram regulados positivamente após o tratamento com EGCG, o que correspondeu a uma regulação negativa dos seus genes-alvo MYC, BMI1, SUZ12, Oct4 e Adam17, todos estes alvos estão envolvidos nas vias de auto-renovação responsáveis pelas propriedades estaminais.

O recetor de laminina de 67 kDa (67LR) foi identificado como o recetor de superfície celular da EGCG e desempenha um papel importante no efeito anticancerígeno da EGCG. No melanoma, foi detectada uma sobre-expressão do 67LR em comparação com as células normais da pele e foi previamente relatado que o EGCG suprime o crescimento do melanoma através da ativação da via de sinalização intercelular, cAMP/proteína quinase A (PKA)/proteína fosfatase 2A (PP2A), como agonista do 67LR (Tsukamoto et al. 2014). Portanto, os autores do estudo (Yamada et al. 2016) estavam interessados em explorar se esse mecanismo molecular é regulado por miRNAs. Verificou-se que a exposição de células de melanoma ao EGCG regulou significativamente a expressão do supressor de tumor let-7b e isso foi associado à ativação da via de sinalização cAMP / proteína quinase A (PKA) / proteína fosfatase 2A (PP2A) dependente de 67LR. Isto é considerado como uma nova explicação para o mecanismo pelo qual o EGCG tem como alvo as células do melanoma.

No estudo de (Zhu & Wang 2016), o tratamento de células de osteossarcoma (OS) com diferentes doses de EGCG foi capaz de induzir a paragem do ciclo celular e aumentar a apoptose de uma forma dependente da dose, e também impedir o crescimento do tumor transplantado in vivo. Para avaliar o possível mecanismo molecular responsável por estes efeitos anticancerígenos, a análise de microarray de miRNA aplicada às linhas de células OS tratadas com EGCG para rastrear os miRNAs diferencialmente expressos identificou o miR-1 (um miRNA supressor de tumores) como o miRNA mais significativamente regulado positivamente após o tratamento com EGCG e está envolvido no efeito anticancerígeno do EGCG através da orientação da expressão do recetor do fator de crescimento tirosina quinase c-MET, que é responsável pela progressão maligna das células cancerígenas. Esta descoberta foi confirmada pela observação de que a inibição da expressão deste miRNA através da transfecção de células com o inibidor de miR-1 foi capaz de atenuar o efeito anticancerígeno do EGCG e elevar a expressão de c-Met. Este estudo sugeriu claramente que o efeito anticancerígeno do EGCG nas células de osteossarcoma se deve à regulação da interação miR-1/c-MET.

Em um estudo recente de (Li et al. 2017) e com o objetivo de identificar o impacto do EGCG na expressão global de um amplo painel de miRNAs em células de carcinoma nasofaríngeo humano (NPC), verificou-se que entre os 1205 miRNAs humanos no chip de microarray usado para analisar a expressão diferencial em miRNAs entre células tratadas com EGCG e não tratadas, um total de 205 miRNAs exibiu expressão diferencial, a maioria desses miRNAs respondeu ao EGCG de maneira dose / dependente. De notar que os resultados do microarray mostraram que o número de miRNAs regulados positivamente era superior ao número de miRNAs regulados negativamente, indicando que os efeitos mediados pela EGCG nas células do carcinoma nasofaríngeo estavam mais associados à regulação positiva dos níveis de miRNAs. Utilizando a PCR em tempo real, verificou-se que os miRs -1246, -210, -1915, -1973, -34a e o miR-205-3p, regulado para baixo, são considerados os miRs validados mais proeminentes que são diferencialmente expressos em células NPC tratadas com EGCG. Para validar o impacto global de todos os miRNAs específicos do EGCG, foram aplicadas ferramentas de análise bioinformática para identificar os genes-alvo putativos de todos os miRNAs expressos de forma diferente, tendo-se verificado que a maioria dos genes-alvo está associada a vias de transdução de sinal envolvidas na regulação da sobrevivência celular, apoptose, ciclo celular, invasão e migração. Verificou-se que a via mais preferencialmente visada pelos miRNAs regulados por EGCG eram as vias de sinalização MAPK e Wnt (Li et al. 2017).

Todos os estudos anteriores demonstraram que a EGCG era capaz de atuar como um medicamento anticancerígeno eficaz através da modulação da expressão de miRNAs endógenos. No entanto, também foi relatado que a sobre-expressão exógena de miRNAs específicos pode ser usada para aumentar o efeito anticancerígeno do EGCG. No estudo de (Jiang et al. 2014), a sobreexpressão ectópica do supressor tumoral miR-126 aumentou a sensibilidade das células de osteossarcoma à EGCG e induziu a apoptose em comparação com as células com nível endógeno de miR- 126 .

6.2.2 Flavonóis

Os flavonóis são os flavonóides mais omnipresentes nos frutos e produtos hortícolas. Estão geralmente presentes em concentrações relativamente baixas (15-50 mg/kg). As fontes mais ricas são as cebolas, as maçãs, os brócolos, o alho francês e os mirtilos. Os principais flavonóis representados são o kaempferol, a miricetina e a quercetina (Yao et al. 2004).

6.2.2.1 Quercetina A quercetina é o flavonol mais estudado, com efeitos antioxidantes, anti-inflamatórios e anti-cancerígenos promissores. No que respeita à biodisponibilidade, o estado de glicosilação da quercetina aumenta fortemente a sua taxa de absorção intestinal. A forma glicosídica da quercetina é caracterizada por uma semi-vida de eliminação longa em comparação com as outras formas (Hollman et al. 1995).

Vários estudos centraram-se no esclarecimento do efeito da quercetina na expressão de miRNA em diferentes tipos de cancro. Os membros da família let-7, supressora de tumores, encontravam-se entre os principais candidatos com maior regulação após o tratamento com quercetina em diferentes tipos de cancro. No cancro do pulmão, uma dieta rica em quercetina foi associada a uma expressão diferencial de miRs da família let-7, sugerindo um possível mecanismo do efeito anticancerígeno da quercetina através do aumento da expressão destes supressores tumorais chave (Lam et al. 2012). O mesmo foi também detectado no cancro do pâncreas, em que os membros da família let-7 se encontravam entre os principais miRs regulados positivamente após o tratamento com quercetina e let-7c era o membro da família let-7 regulado positivamente mais significativo (Nwaeburu et al. 2016). O estudo de (Nwaeburu et al. 2016) revelou que a regulação positiva de let-7c seguida de um aumento da expressão de Numbl (um gene que promove a diferenciação) e reduz a expressão de Notch1 (um gene que promove a sinalização proliferativa) antagoniza assim a sinalização Notch. Isto provocou uma redução da clonogenicidade, da migração e da expressão dos marcadores de progressão.

Outro miRNA supressor de tumor que é significativamente regulado positivamente pela ação da quercetina é o miR-145; a regulação negativa deste miRNA está frequentemente associada à progressão do cancro em certos tipos de cancro (Avgeris et al. 2013). Após o tratamento com quercetina em diferentes concentrações em células de carcinoma do ovário humano, os níveis de expressão do miR-145 foram significativamente aumentados e induziram a atividade da caspase-8 e -9, e a expressão da caspase-3, acabando por reforçar a via apoptótica (J. Zhou et al. 2015).

O MiR-146a é outro miRNA supressor de tumor que também é elevado pelo tratamento com quercetina e induz a apoptose através da ativação da caspase-3 e das vias dependentes da mitocôndria no cancro da mama (Tao et al. 2015).

A expressão ectópica de miRNAs também pode aumentar a eficácia da quercetina, por exemplo, a sobre-expressão do miR-143 em células de cancro gástrico através da transfecção das células com precursores pré-miR-143, foi capaz de elevar o nível de miR-143 endógeno, o que resultou num aumento da sensibilidade das células ao efeito anticancerígeno da quercetina, a ação do miR-143 foi através da inibição da autofagia, que é um mecanismo de proteção nas células tumorais para parar a ação da quercetina, pelo que o miR-143 foi pela primeira vez relatado neste estudo como um potencial inibidor da autofagia (Du et al. 2015).

A combinação da quercetina com outros agentes anticancerígenos tem sido referida como uma estratégia promissora para combater o cancro, uma vez que podem apresentar interacções sinérgicas nos seus efeitos anticancerígenos. Este efeito combinatório foi também mediado e controlado, em alguns casos, pela expressão de miRNAs. Por exemplo, a combinação de quercetina com isotiocianato e EGCG foi muito mais eficaz na redução da viabilidade celular, no potencial migratório das células e na indução de apoptose em células de cancro pancreático do que cada agente isoladamente. Além disso, a combinação destes agentes bioactivos está documentada como sendo superior na elevação da expressão de let-7a juntamente com uma potência eficiente para inibir a expressão do seu gene alvo K-ras em comparação com cada agente (Appari et al. 2014).

Vale a pena mencionar que a combinação de agentes bioactivos com diferentes estruturas químicas pode ser mais eficaz do que a combinação de agentes com estruturas aproximadas, porque será induzido um espetro mais amplo de vias anticancerígenas (Appari et al. 2014).

Tal como muitos polifenóis, a quercetina pode ter como alvo as células estaminais cancerígenas e reduzir as propriedades de auto-renovação das células estaminais que são responsáveis pela quimio-resistência ao cancro. Por exemplo, o tratamento de células cancerosas pancreáticas (AsPC1) com quercetina durante 12 horas, seguido de um perfil de expressão de miRNA, resultou numa lista de 105 miRNAs regulados diferencialmente. As análises *in silico* a esta lista para avaliar os miRs que estão envolvidos na sinalização Notch, com base no facto de que a via de sinalização Notch está envolvida na determinação do destino das células estaminais cancerígenas, revelaram que o miR-200b-3p como o mais candidato que se expressou de forma diferente após o tratamento com quercetina (Nwaeburu et al. 2017). De acordo com este estudo, o aumento do nível de miR-200b-3p após o tratamento com quercetina influenciou as decisões sobre o destino das células e reduziu a agressividade das CSCs ao inibir a via de sinalização Notch (Nwaeburu et al. 2017).

Tal como a epigalocatequina-3-galato (EGCG), a administração de quercetina aumentou a sensibilidade das células cancerígenas à cisplantação através da modulação do nível de miRNAs. No estudo de (Zhang et al. 2015). Baixa concentração de quercetina foi capaz de aumentar o efeito citotóxico da cisplatina em células de osteossarcoma, este efeito de quimiossensibilização foi modulado pela regulação positiva do supressor de tumor miR-217, que visa diretamente e bloqueia a expressão do oncogene K-RAS, por sua vez, isso regulou negativamente a via PI3K / AKT, suprimindo assim a resistência das células à cisplatina. Para verificar e confirmar a correlação entre o efeito de sensibilidade à cisplatina provocado pela quercetina e a expressão de miR-217, os autores realizaram experiências de salvamento em que se verificou que o knockdown da expressão de miR-217 abolia este efeito da quercetina (Zhang et al. 2015).

6.2.3 Isoflavonas

Outra subclasse importante dos flavonóides são as isoflavonas. Está bem documentado que as isoflavonas têm um efeito pseudo-hormonal fitoestrogénico (ação semelhante à dos estrogénios), podendo ligar-se eficazmente aos receptores de estrogénio nos mamíferos. Existem 3 isoflavonas primárias: genisteína, daidzeína e gliciteína, mas a genisteína e a daidzeína são os compostos mais potentes e mais estudados (Chandrasekharan 2013). A estrutura química caraterística da genisteína e da daidzeína é semelhante à estrutura dos estrogénios, especificamente do 17-β-estradiol. Por conseguinte, a genisteína e a daidzeína podem exercer um efeito estrogénico fraco (agonista) ou antiestrogénico (antagonista), com base na quantidade de estrogénios endógenos (Chandrasekharan 2013). Muitos estudos epidemiológicos documentaram que a incidência de cancros dependentes de hormonas, como o cancro da mama, da próstata e do pâncreas, é significativamente menor na população asiática em comparação com a população ocidental, o que pode ser atribuído ao elevado consumo de uma dieta rica em isoflavonas pela população asiática (Marugame & Katanoda 2006), (Wu et al. 1998). Após a ingestão, os glucósidos de isoflavona são hidrolisados no intestino delgado em agliconas pelas glucosidases e os metabolitos são absorvidos ou metabolizados pela microflora intestinal noutros metabolitos, como o equol e a O-desmetilangolensina. Tal como acontece com outros flavonóides, o efeito fisiológico depende principalmente da biodisponibilidade do composto, a isoflavona é considerada a mais biodisponível e absorvível entre os flavonóides e a genisteína é mais biodisponível do que a daidzeína (Yu et al. 2016).

6.2.3.1 Genisteína

A genisteína é considerada por muitos relatórios como o polifenol mais importante e eficaz pertencente à classe das isoflavonas. A genisteína encontra-se principalmente em plantas dietéticas como a soja, a luzerna, a fava, o tremoço, a psoralea, o feijão-frade, a ervilha amarela, a ervilha verde e a lentilha (Polkowski & Mazurek 2000).

A genisteína tem vários benefícios para a saúde, como a redução do risco de doenças cardiovasculares, a diminuição do colesterol no sangue e a redução dos problemas pós-menopáusicos (Polkowski & Mazurek 2000). A genisteína tem também um efeito antitumoral potente em vários tipos de cancro, incluindo o cancro da mama, da próstata, do pâncreas, do pulmão, gástrico, do melanoma e renal. A genisteína pode exercer o seu efeito antitumoral através de vários mecanismos moleculares, como a indução da paragem do ciclo celular, a ativação da via apoptótica, a inibição da angiogénese e das metástases e, mais importante ainda, a antagonização das vias de sinalização mediadas pelos estrogénios ou androgénios (Banerjee et al. 2008).

A genisteína é outro polifenol que exerce os seus efeitos anticancerígenos através da regulação dos miRNAs em vários tipos de cancro. No entanto, a maioria dos resultados promissores foi documentada no tipo de cancro dependente de hormonas, especificamente da mama, da próstata e do pâncreas.

No cancro da mama, a genisteína pode interagir com a via de sinalização do recetor de estrogénio, tal como acima referido, e, consequentemente, pode regular a expressão de ER e o crescimento celular dependente de estrogénio. Além disso, a genisteína pode re-sensibilizar eficazmente as células de cancro da mama ERα-negativas à quimioterapia (Wang et al. 1996). Verificou-se que o efeito da genisteína nas células do cancro da mama é mediado pela expressão diferencial de vários miRNAs. O supressor tumoral miR-23b é silenciado em diferentes tipos de cancro como resultado da metilação, a baixa expressão deste miRNA está associada à progressão do cancro e à baixa taxa de sobrevivência, e a restauração do seu nível é considerada uma estratégia de terapia alvo (Campos-Viguri et al. 2015). Foi documentado que o tratamento de células de cancro da mama com genestina elevou o nível de miR-155 e isto foi associado a uma redução significativa da proliferação celular (Avci et al. 2015).

Por outro lado, a genestina também foi capaz de reduzir a expressão de miRNAs oncogénicos como o miR-155 no cancro da mama. O cancro da mama metastático é caracterizado pela sobreexpressão do miR-155 e está correlacionado com um mau prognóstico. No entanto, o tratamento de células de cancro da mama metastático (MDA-MB-231) com genestina foi capaz de reduzir a viabilidade celular e induzir a apoptose e este efeito anticancerígeno foi mediado pelo bloqueio da expressão de miR-155 e pela elevação dos seus alvos pró-apoptóticos FOXO3a e CK1α (De La Parra et al. 2016)

O efeito anti-cancerígeno da genisteína no cancro pancreático tem recebido muita atenção devido aos resultados promissores obtidos com esta estratégia de tratamento com produtos naturais. O mecanismo molecular através do qual a genisteína foi capaz de afetar a progressão do cancro do pâncreas foi mediado pela desregulação da expressão de vários miRNAs, entre os quais o famoso supressor tumoral miR-34a. A baixa expressão deste miRNA está envolvida no desenvolvimento e na progressão do cancro, como já foi referido neste livro. O tratamento de linhas celulares de cancro do pâncreas (AsPC-1 e MiaPaCa-2) com genisteína foi capaz de inibir o crescimento celular, reduzir a formação de colónias, inibir a invasão e a migração e aumentar a via apoptótica. Estes efeitos foram influenciados pela regulação positiva significativa do miR-34a, que causou uma inibição da expressão de Notch-1 e da sinalização Notch (Xia et al. 2012). Outro miRNA supressor de tumor que é afetado pelo tratamento com genisteína no cancro pancreático é o miR-146a. O tratamento de células de cancro pancreático com compostos de isoflavona (contêm 70,54%) elevou a expressão de miR-146a e, consequentemente, regulou negativamente os seus genes alvo EGFR, IRAK-1, MTA-2 e NF-κB, resultando na inibição da invasão celular (Li et al. 2010).

A genestina também exerceu o seu efeito anticancerígeno no cancro pancreático ao suprimir a expressão de miRNAs oncogénicos, como o miR-223. O nível crescente de miR-223 pode aumentar a capacidade de proliferação e invasão de células tumorais (Huang et al. 2013) e também está envolvido no aumento da resistência quimioterápica por meio do direcionamento e da regulação negativa de F-box e WD repeat domain-containing 7 (Fbw7) (X. Zhou et al. 2015). No estudo de (Ma et al. 2013), o tratamento de células de cancro pancreático com genestina foi capaz de reduzir a expressão de miR-223, resultando no aumento da expressão do seu gene alvo Fbw7 e, eventualmente, reduziu o crescimento das células tumorais e induziu a apoptose.

O efeito anticancerígeno da genisteína no cancro da próstata tem sido muito investigado e existem vários ensaios clínicos (fase I e fase II) para investigar a eficácia da utilização da genisteína na prevenção e terapia do cancro da próstata (Lazarevic et al. 2011). Um dos mecanismos através dos quais a genestina exerce o seu efeito anticancerígeno no cancro da próstata é através da modulação da expressão de miRNAs supressores de tumores ou oncogénicos que são responsáveis pela progressão do cancro.

Um importante miRNA supressor de tumor que a genestina foi capaz de aumentar eficazmente a sua expressão no cancro da próstata é o miR-574-3p, este miRNA está documentado como sendo regulado negativamente em doentes clínicos da próstata e em linhas celulares de cancro da próstata independentes de androgénios, e esta regulação negativa está associada a um estádio avançado do tumor, pelo que este miRAN é considerado um alvo para a terapia do cancro (Ostling et al. 2011). No estudo de (Chiyomaru et al. 2013) o tratamento de células de cancro do pâncreas com genisteína foi capaz de elevar significativamente o nível de miR-574-3p e ao estimar a expressão dos potenciais genes alvo deste miRNA verificou-se que tanto o RAC1 (um importante regulador da angiogénese mediada por VEGF) como o EP300 (um importante estimulador de genes induzidos por hipoxia) estão significativamente reduzidos, a regulação positiva do miR-574-3p após o tratamento com genestina foi também acompanhada pela regulação da expressão de Bcl- xL, caspase-9 e caspase-3, induzindo assim a apoptose.

A genisteína também aumentou eficazmente a expressão do supressor de tumores miR-1296 em linhas celulares de carcinoma da próstata, o que foi acompanhado por uma desregulação significativa da expressão do seu gene alvo MCM2, um gene de manutenção de minicromossomas que está sobre-regulado no cancro da próstata e aumenta a proliferação celular (Majid et al. 2010).

No que diz respeito ao efeito do tratamento com genestina nos miRNAss oncogénicos, a desregulação detectada do oncomiR (miR-1260b) após o tratamento com genestina foi responsável pela inibição da proliferação celular, pela capacidade de migração/invasão e pelo aumento da apoptose, tendo este efeito anticancerígeno da genestina sido obtido através do aumento da expressão da proteína 1 relacionada com o friso secretado (sFRP1) e do Smad4, os genes-alvo supressores de tumores do miR-1260b (Hirata et al. 2014).

Outro miRNA oncogénico que foi associado ao efeito anticancerígeno no cancro da próstata é o miR-151, que é referido como sendo altamente expresso no cancro da próstata independente de androgénios e está associado à progressão e metástase do cancro. O tratamento de células de cancro da próstata (PC3 e DU145) com 25 µM de genisteína foi capaz de reduzir a expressão do miR-151, o que, consequentemente, inibiu a migração e a invasão celular. Com a

Através de uma análise *in silico*, vários genes que se sugere terem funções supressoras de tumores e que se prevê serem alvos directos do miR-151 (SOX17, CASZ1, ARHGDIA, IL1RAPL1, N4BP1) foram significativamente regulados positivamente após a regulação negativa do miR-151 pelo tratamento com genisteína (Chiyomaru et al. 2012).

6.2.3.2 Daidzeína

A daidzeína é uma isoflavona predominante e biologicamente ativa. A daidzeína encontra-se em várias plantas leguminosas, como as lentilhas, as ervilhas e as sementes de soja. Tal como a genisteína e outras isoflavonas, a daidzeína pode exercer um efeito estrogénico fraco (agonista) ou antiestrogénico (antagonista), dependendo da quantidade de estrogénios endógenos. A daidzeína tem um efeito anti-tumoral através da redução da viabilidade celular, prejudicando a formação de colónias, induzindo a paragem do ciclo celular e aumentando a via apoptótica. Estes efeitos são mediados pela regulação de vários eventos moleculares envolvidos no processo de carcinogénese. Desses eventos, é relatado que a daidzeína modula a expressão de vários miRNAs (Mahmoud et al. 2014)

Existem poucos estudos centrados no efeito regulador da daidzeína na expressão dos miRNAs. A maioria destes estudos referiu que a daidzeína pode regular a expressão de muRNAs supressores de tumores, invertendo a metilação do promotor dos miRNAs suprimidos.

No caso do cancro da próstata, uma mistura de isoflavonas que contém (70,5% de genisteína, 26,3% de daidzeína e 0,31% de gliceteína) foi capaz de elevar os níveis dos supressores tumorais miR-29a e miR-1256 ao reverter a desmetilação destes miRNAs, e este efeito epigenético das isoflavonas foi responsável pela inibição detectada do crescimento e invasão celular (Li et al. 2012).

Uma matriz de miRNA para células de cancro da próstata tratadas com 110 μM de daidzeína durante 48 horas revelou uma expressão diferencial em 170 miRNAs, destes miRNAs foi detectada uma regulação positiva significativa do miR-548b-5p e do miR-15a e esta elevação estava relacionada com o efeito de desmetilação da daidzeína nos promotores destes miRNA (Rabiau et al. 2011).

6.2.4 Flavonas

As flavonas são uma classe de flavonóides e caracterizam-se por uma cadeia 3-C não saturada e têm uma ligação dupla entre C-2 e C-3. Embora as flavonas tenham uma estrutura quase idêntica à dos flavonóis, exceto a ausência do grupo hidroxilo na posição 3, esta simples diferença é responsável pelas funções fisiológicas e farmacológicas destes compostos. As flavonas estão amplamente distribuídas sob a forma de agliconas ou glicosídeos. As flavonas naturais, como a apigenina, a tangeritina, a naringenina, a baicaleína e a luteolina, têm várias funções biológicas (Verma & Pratap 2012).

A apigenina está abundantemente presente em frutos e vegetais, incluindo cebolas, camomila, laranja, chá, salsa e rebentos de trigo, entre outros. Demonstrou possuir propriedades anti-inflamatórias, anti-oxidantes e anti-carcinogénicas significativas. A apigenina pode atuar como um composto anticancerígeno promissor pela sua capacidade de induzir a morte celular através da ativação das vias extrínseca e intrínseca da apoptose em diferentes tipos de cancro (Karmakar et al. 2009). A apigenina também foi capaz de modular a expressão de vários miRNAs. Por exemplo; em células de neuroblastoma, o tratamento com apigenina foi capaz de elevar a expressão do supressor tumoral miR-138 mas, curiosamente, a sobreexpressão ectópica de miR-138 acompanhada em combinação com o tratamento com apigenina foi capaz de induzir mais poderosamente a apoptose em células malignas de neuroblastoma in vitro e in vivo, indicando que a modulação do nível de miR-138 pode potenciar a eficácia da apigenina na indução de vias extrínsecas e intrínsecas de apoptose (Chakrabarti et al. 2013).

A apigenina também foi capaz de promover e elevar a expressão do miR 16 nas células do U87glioma, e esta regulação positiva foi responsável pela supressão da expressão do antiapoptótico BCL-2 e pela diminuição da atividade da via de sinalização NF-κB/MMP9, acabando por reduzir a viabilidade celular e induzir a apoptose. Para confirmar o envolvimento do miR-16 no efeito anticancerígeno da ação da apigenina, a regulação negativa do miR-16 utilizando a transfecção de plasmídeo anti-miR-16 foi capaz de reverter completamente e parar o efeito da apigenina na viabilidade celular (Chen et al. 2016).

6.3. Lignanas

Os lignanos são polifenóis bioactivos, não nutritivos, que estão presentes em concentrações elevadas nas sementes de linhaça e de sésamo e em concentrações mais baixas nos cereais integrais, leguminosas, frutos e legumes. Geralmente, existem dois tipos de lignanos: 1) Os lignanos vegetais que se encontram nas sementes de plantas, como o diglucósido secoisolariciresinol (SDG), o matairesinol e o isolariciresinol e 2) Os lignanos que se encontram nos animais e nos seres humanos, conhecidos como lignanos de mamíferos. Após o consumo, os precursores dos lignanos são convertidos pelas bactérias do cólon em enterolignanos, enterodiol e enterolactona. As sementes de linhaça são consideradas a fonte mais rica de lignanos, com uma concentração 100-800 superior à de qualquer outra semente oleaginosa. O principal lignano alimentar da linhaça é o secoisolariciresinol diglucosídeo (SDG) (Imran et al. 2015). As actividades anticancerígenas, antioxidantes, anti-angiogénicas e anti-estrogénicas dos lignanos sugerem que uma dieta rica em lignanos teria efeitos protectores contra muitos tipos de cancro. Vários relatórios epidemiológicos em seres humanos indicaram uma diminuição significativa da incidência de tumores mamários associada ao consumo de sementes de linhaça ou de secoisolariciresinol diglucosídeo (SDG) (Adolphe et al. 2010).

Foram sugeridos vários mecanismos para o efeito anticancerígeno da linhaça e do SDG, a sua capacidade de inibir as enzimas envolvidas no processo de carcinogénese e o seu efeito de redução dos níveis do fator de crescimento semelhante à insulina I e do fator de crescimento endotelial podem ser apresentados como possíveis mecanismos para o seu efeito antitumoral (Moree & J 2011).

Numa experiência em que a alimentação de galinhas com uma dieta rica em 10% de sementes de linhaça resultou numa diminuição significativa da incidência e da gravidade do cancro do ovário (Ansenberger et al. 2010), e para avaliar os possíveis alvos e vias moleculares afectados pela alimentação com sementes de linhaça, foi realizada uma análise de microarray para comparar os alvos moleculares de ovários normais e tumores de ovário do modelo de galinhas. Os resultados revelaram que as vias moleculares e os genes alvo relacionados com a morfogénese ramificada estão significativamente aumentados nos tumores de ovário, mas após a suplementação com sementes de linhaça foi detectada uma redução significativa. Destes eventos moleculares, a família miR-200 (miR- 200a, -200b e -429) foi relatada como sendo regulada positivamente em tumores do ovário, no entanto, a linhaça foi capaz de inibir significativamente a regulação positiva de todos os três miRs no cancro do ovário em 55 a 80% (Hales et al. 2014). Estes resultados apoiam a noção de que o efeito antitumoral dos produtos naturais, neste caso a linhaça, funciona ao nível da regulação epigenética através da regulação do miRNA.

6.4. Stilbens (Resveratrol)

Os estilbenos são um pequeno grupo de polifenóis caracterizados pela presença de um núcleo de 1,2- difeniletileno. Os estilbenos têm um potencial eficaz para a prevenção e tratamento de várias doenças, incluindo o cancro, devido à sua elevada capacidade antioxidante, ativação da morte celular e propriedades anti-inflamatórias. Os estilbenos são também caracterizados por uma baixa toxicidade farmacológica (Shen et al. 2009).

Existem dois tipos de estilbenos: o resveratrol e o pterostilbeno. No entanto, o resveratrol é o tipo mais funcional e bem estudado. O resveratrol encontra-se na pele das uvas vermelhas, mirtilos, amendoins e arandos e tem sido amplamente estudado pelos seus potenciais benefícios para a saúde. O resveratrol é amplamente referido como um potente composto natural anti-oxidante, anti-inflamatório e anti-cancerígeno. Tem sido dada muita atenção aos benefícios do resveratrol para a saúde, uma vez que é considerado um produto natural seguro, mesmo em doses elevadas. Ensaios clínicos revelaram que o resveratrol é seguro e bem tolerado pelo organismo em doses de até 5 g/dia (Patel et al. 2011). O efeito anticancerígeno do resveratrol tem sido atribuído à sua eficiência na ativação da via apoptótica intrínseca e extrínseca, juntamente com outras vias responsáveis pelo processo de carcinogénese (Savouret & Quesne 2002). De acordo com muitos estudos, a modulação dos miRNAs pelo resveratrol pode ser considerada como um dos principais responsáveis pelo efeito anti-cancerígeno do resveratrol. Nos próximos parágrafos, tentaremos abordar alguns destes estudos.

O resveratrol foi descrito pela sua capacidade de induzir a expressão de vários miRNAs supressores de tumores. Por exemplo, o tratamento de células de cancro da mama (MDA-MB-231) com resveratrol elevou a expressão dos supressores tumorais miR-16, miR-141, miR-143, miR-200c e miR-340 e este efeito epigenético estava de acordo com a inibição detectada da invasividade celular e a redução das características das células estaminais cancerígenas (Hagiwara et al. 2012). Neste estudo, o resveratrol reduziu a malignidade não só aumentando a expressão de miRNAs supressores de tumores, mas também aumentando a atividade de RNAi mediada pela indução de Argonaute-2 (Ago-2), um componente central de interferência de RNA (RNAi) (Hagiwara et al. 2012).

Num outro estudo realizado por (Venkatadri et al. 2016), o resveratrol foi capaz de regular a apoptose e o ciclo celular em células de cancro da mama, aumentando a expressão dos miRNAs apoptóticos (miR-125b-5p, miR-409-3p, miR-122-5p, miR-200c-3p e miR-542-3p). Esta modulação do miRNA mediada pelo resveratrol foi capaz de regular a expressão de importantes proteínas anti-apoptóticas e do ciclo celular, incluindo a Bcl-2, a proteína inibidora da apoptose ligada ao X e as cinases dependentes da ciclina.

Outro miRNA supressor de tumor importante que é regulado pelo tratamento com resveratrol é o miR-34. O resveratrol inibiu eficazmente a proliferação, migração e invasão celular, bem como aumentou a apoptose nas células de cancro colorrectal HT-29 e HCT-116. Este efeito anticancerígeno foi parcialmente, mas especificamente, atribuído à regulação positiva detectada do miR-43c pelo resveratrol, que consequentemente afectou a expressão do seu gene alvo KITLG (KIT ligand). Além disso, o resveratrol foi capaz de sensibilizar as células de cancro colorrectal a fármacos quimioterapêuticos como a Oxaliplatina de uma forma dependente do miR-34c (S. Yang et al. 2015).

O resveratrol foi capaz de prevenir a formação e o crescimento de tumores colorrectais em ratinhos APC /KRAS^{CKOmut} através do aumento da expressão do supressor tumoral miR-96 que regula a tradução do K-ras. Por conseguinte, o resveratrol induziu o bloqueio da expressão de K-ras através da regulação positiva de miR-96, e este efeito pode constituir uma nova estratégia terapêutica para o tratamento do cancro do cólon e do pâncreas induzido por K-ras (Saud et al. 2014).

No caso do osteossarcoma, o tratamento com resveratrol foi capaz de inibir a migração/invasão e as capacidades adesivas das células do osteossarcoma humano, e este efeito foi obtido através da supressão da atividade da metaloproteinase da matriz (MMP)-2. Esta supressão mediada pelo resveratrol da MMP-2 e da motilidade celular foi mediada por uma elevação do nível de miR-328 após a administração de resveratrol. Para confirmar o efeito do resveratrol-mir-328, o bloqueio forçado da expressão do miR-328 através da transfecção com o inibidor do miR-328 foi capaz de reverter e parar a inibição da invasão celular mediada pelo resveratrol. Por conseguinte, concluiu-se que o resveratrol pode suprimir a motilidade do osteossarcoma especificamente através da regulação positiva da expressão do miR-328 (S.-F. Yang et al. 2015).

Na linha de células epiteliais brônquicas humanas, o tratamento com resveratrol aumentou a expressão do miRNA-622 e suprimiu a expressão do seu gene alvo K-Ras, o que explica o impacto anticancerígeno eficaz do resveratrol no cancro do pulmão humano (Han et al. 2012).

Tal como outros polifenóis, o resveratrol também pode reduzir eficazmente ou mesmo inibir a expressão de miRNAs oncogénicos e, consequentemente, pode afetar a expressão dos seus genes alvo. Nas células de cancro colorrectal, o tratamento com resveratrol diminuiu os níveis de vários miRNAs oncogénicos (miR-17, -21, -23a, -23b, -25,-29, -92a2, -103-1, -103-2, -146a). Estes miRNAs oncogénicos, no seu conjunto, têm como alvo os transcritos que codificam Dicer1 (uma RNase III citoplasmática responsável pela produção de miRNAs maduros a partir dos seus precursores imediatos) e factores supressores de tumor como PDCD4 e PTEN. Juntamente com a inibição destes miRNAs oncogénicos, o resveratrol também elevou a expressão do supressor tumoral miR-663. Estes resultados elucidam como o resveratrol pode manipular a expressão de um vasto painel de miRNAs e como isto pode potenciar eficazmente os efeitos anti-cancerígenos e anti-metastáticos do resveratrol (Tili et al. 2010).

Detectou-se também que os membros da família oncogénica miR-17 eram inibidos após o tratamento com resveratrol no cancro da próstata, bem como os miRNAs dos grupos de paralogues miR-106a, miR-363 e miR-106b-25. Esta inibição foi acompanhada por uma regulação positiva do seu gene alvo PTEN (Dhar et al. 2011).

Outro miRNA oncogénico proeminente que é modulado pelo resveratrol é o miR-21. O resveratrol reduziu significativamente a expressão do miR-21 em células de cancro da próstata humanas altamente agressivas e negativas para o recetor de androgénio (PC-3M-MM2), e este efeito foi associado a uma redução da viabilidade, migração e invasividade das células. Além disso, o resveratrol aumentou a expressão dos supressores tumorais PDCD4 e maspin, que são potenciais alvos do miR-21, e inibiu indiretamente a expressão de AKT. Estes efeitos também foram relatados *in vivo*, em que o resveratrol inibiu o crescimento tumoral no modelo de xenoenxerto de ratinho com imunodeficiência combinada grave (SCID) de cancro da próstata, e esta ação antitumoral do resveratrol foi realizada através da supressão da via AKT/miR-21 (Sheth et al. 2012).

6.5. Curcuminóides (Curcumina)

O curcuminóide é um composto polifenólico potente e eficaz, cuja função biológica tem sido registada ao longo dos anos. O pó de curcuma pigmentado de amarelo tem curcuminóides abundantes que contêm curcumina (77%), desmetoxicurcumina (17%) e bis-demetoxicurcumina (3%). A curcumina, extraída dos rizomas da Curcuma longa, é uma especiaria pigmentada amarela com um vasto espetro de funções biológicas como antioxidante, anti-coagulação, anti-inflamatória, hiperlipidemia, anti-aterosclerose, antimutagénica e, mais importante, a sua função anti-cancerígena que atraiu muito interesse nos últimos anos e o seu mecanismo anti-cancerígeno tem sido o foco de uma infinidade de estudos (Katsuyama et al. 2009).

O efeito antitumoral da curcumina foi demonstrado em vários tipos de cancro, incluindo cancro da mama, do aparelho digestivo respiratório, tumores geniturinários, tumores ginecológicos, carcinoma de células escamosas da cabeça e do pescoço, melanoma e leucemia. A curcumina exerce o seu efeito anticancerígeno através da inibição da proliferação tumoral e da angiogénese, reduzindo a capacidade de invasão e de metástase das células cancerígenas, reforçando a via apoptótica, regulando o ciclo celular, aumentando a sensibilidade das células à quimioterapia e, recentemente, foi referido que funciona a nível da regulação epigenética através da regulação das expressões de miRNA (Shishodia et al. 2007).

A curcumina pode ser considerada como um dos polifenóis proeminentes que regulam eficazmente a expressão de um vasto painel de miRNAs que estão intimamente envolvidos no processo de carcinogénese. Os mecanismos através dos quais a curcumina regula a expressão de miRNAs são complicados, incluindo a ativação e/ou inativação da transcrição de miRNAs, a regulação da via de sinalização associada e a metilação/desmetilação do promotor de miRNAs (Tuorkey 2014).

O miRNA oncogénico miR-21 é um dos miRNA mais bem estudados, tendo sido relatado o seu envolvimento em diferentes processos de carcinogénese. Vários estudos documentaram a eficácia da curcumina para reduzir o nível de expressão do miR-21 e, consequentemente, afetar o processo de carcinogénese. No estudo de (Mudduluru et al. 2011), as células de cancro do cólon (RKO e HCT116) tratadas com curcumina foram detidas na fase G2/M. Além disso, a curcumina inibiu significativamente o crescimento do tumor, a invasão e a metástase *in vivo num* modelo CAM. Este efeito antitumoral foi associado a uma redução significativa do nível de miR-21 e, consequentemente, ao aumento do seu gene alvo Pdcd4 (proteína 4 de morte celular programada). Neste estudo, a curcumina foi capaz de reduzir a expressão de miR-21 bloqueando o fator de transcrição AP-1 responsável pela expressão de miR-21. Num outro estudo (Yang et al. 2013), o análogo da curcumina (EF24) reduziu eficazmente a expressão do miR-21 na linha celular do cancro da próstata, mas através do bloqueio da atividade da sinalização NF-κB, que se pensa ser um dos reguladores da expressão do miR-21.

Outro análogo sintético da curcumina (CDF), que tem um efeito antitumoral potente, foi capaz de desregular as vias hipóxicas do tumor, reduzindo a produção de VEGF e IL-6 e, mais importante, diminuindo a expressão de miR-21, que é normalmente elevada em condições de hipóxia (Bao, Ahmad, et al. 2012).

Outro miRNA oncogénico bem conhecido que é relatado como sendo significativamente reduzido após o tratamento com curcumina é o miR-221. Níveis elevados de miR-221 estão associados a uma fraca sobrevivência de doentes com cancro da próstata. Curiosamente, no estudo de (Sarkar et al. 2013), o tratamento de linhas celulares de cancro do pâncreas com o análogo sintético da curcumina (CDF) regulou eficazmente a expressão de miR-221 e, consequentemente, aumentou a expressão dos genes alvo do miR-221 PTEN, p27 (kip1), p57 (kip2) e PUMA, levando à inibição da proliferação de células cancerígenas e reduzindo a migração das células.

O miRNA oncogénico miR-31, que se encontra regulado positivamente em diferentes tipos de cancro, incluindo o carcinoma oral de células escamosas (OSCC), em resultado da ativação da via AKT, é também um dos miRNAs que é regulado pelo tratamento com curcumina. A curcumina foi capaz de modular e suprimir a carcinogénese do OSCC através da redução da expressão do miR-31 oncogénico e, consequentemente, prejudicando e reduzindo a atividade da AKT (Lu et al. 2014).

Verificou-se também que a curcumina exerce o seu efeito anti-tumoral através da regulação positiva de vários miRNAs supressores de tumores. Os membros da família miR-34 (mir-34a, -34b e -34c) são miRNAs supressores de tumores bem estudados que foram relatados como sendo significativamente reduzidos em diferentes tipos de cancro, esta regulação negativa foi atribuída à hipermetilação do promotor dos membros da família miR-34 e está associada a uma resposta prejudicada aos danos no ADN, diminuição da apoptose e quimiorresistência. Por conseguinte, a segmentação do miR-34 é considerada uma estratégia promissora para um melhor resultado do tratamento de doentes com cancro (Misso et al. 2014). A expressão reforçada dos membros da família miR-34 pela curcumina foi documentada em vários estudos. No cancro da mama, o tratamento com curcumina elevou o nível de miR-34a, que foi associado à indução da apoptose celular através da inibição da expressão de Bcl-2 e Bmi-1 (Guo et al. 2013). No cancro do cólon, o análogo sintético da curcumina (CDF) também foi capaz de reforçar a expressão de miR-34a e miR-34c; isto foi consistente com a redução significativa do crescimento celular das células de cancro do cólon quimio-resistentes e quimio-sensíveis, onde a re-expressão de miR-34 causou uma redução significativa na expressão do seu gene alvo, Notch1 (Roy et al. 2012). O mecanismo pelo qual a curcumina induziu a expressão dos membros da família miR-34 pode ser atribuído à desmetilação dos respectivos promotores dos membros da família miR-34.

Outro miRNA supressor de tumor que a curcumina foi capaz de elevar significativamente o seu nível através da desmetilação do seu promotor é o miR-203 no cancro da bexiga. A regulação positiva do miR-203 pelo tratamento com curcumina foi capaz de reduzir a expressão dos genes alvo Akt2 e Src, o que causou uma grande queda na proliferação do cancro da bexiga e aumentou a apoptose (Saini et al. 2011).

Vários estudos sugerem que os membros da família miR-200, supressora de tumores, desempenham um papel importante no tratamento das células cancerígenas mediado pela curcumina. No cancro do pâncreas, a elevação do nível de miR-200c detectada após o tratamento com curcumina e a consequente diminuição dos seus genes alvo PTEN e MT1-MMP foram os mecanismos moleculares subjacentes à alteração detectada na morfologia celular e à diminuição significativa da invasão e formação de colónias de células tratadas com o análogo sintético da curcumina (CDF) (Soubani et al. 2012).

Outros miRNAs supressores de tumor que são regulados positivamente pela administração de curcumina e medeiam o efeito antitumoral da curcumina em diferentes tipos de cancro incluem miR-181b, miR-192-5p, miR-215, miR-26a, miR-101, miR-146a, miR-15a e mir-16-1 (Bao, Ali, et al. 2012, Ye et al. 2015, Gao et al. 2012).

Pensa-se que as células estaminais cancerígenas (CSC) ou células semelhantes às células estaminais cancerígenas são as responsáveis pela resistência comum aos medicamentos e pela recorrência do tumor. Por conseguinte, visar as CSC é uma estratégia promissora para ultrapassar a resistência ao tratamento e a recorrência do tumor. A curcumina e seus análogos também foram relatados como eficazes na segmentação de células-tronco cancerígenas e na interrupção das propriedades de stemness, como auto-renovação e habilidades de formação de esferas (Li & Zhang 2014); esses efeitos também são mediados pela modulação da expressão de miRNAs.

No estudo de (Bao et al. 2011), os análogos de curcumina CDF inibiram eficazmente a capacidade de formação de esferas de células pancreáticas (pancreato-esferas) e reduziram a expressão dos marcadores de CSC CD44 e EpCAM numa linha celular de cancro pancreático resistente a quimioterápicos, este efeito foi mediado pela modulação da expressão de miR-200 e miR-21, estes dois miRs foram anteriormente referidos como estando potencialmente envolvidos na ativação da transição epitelial-mesenquimal e na ativação da via de sinalização PI3K/Akt/mTOR, respetivamente, o que acaba por aumentar e elevar a fração de CSCs no tumor.

Outro estudo que também se centrou no efeito da curcumina nas CSC é o estudo de (Subramaniam et al. 2012), neste estudo foi revelado que a redução detectada nos níveis de miR-21 e miR-34a e a elevação do nível de let-7a após o tratamento com curcumina foi mediada por uma redução na sua proteína alvo Notch-1 e, consequentemente, uma redução na via de sinalização Notch que está implicada nas propriedades de auto-renovação, proliferação e diferenciação das células estaminais do cancro do esófago.

Capítulo 7. Resumo e direcções futuras

Os polifenóis são os fitoquímicos mais abundantes e bioactivos, amplamente distribuídos na dieta humana, com várias propriedades benéficas para a saúde. Os efeitos anti-carcinogénicos eficazes dos polifenóis, mediados pela sua capacidade de controlar várias vias celulares e moleculares importantes que contribuem para o processo de carcinogénese, suscitam grande interesse. A diversidade destes potenciais mecanismos de ação explica o amplo espetro de actividades biológicas associadas aos polifenóis.

As modificações epigenéticas e as alterações moleculares que ligam os componentes da dieta, como os polifenóis, ao processo de carcinogénese são uma área de investigação ativa, incluindo dados emergentes que documentam que os polifenóis podem modificar eficazmente a expressão genética e, consequentemente, as vias a jusante através da modulação do miRNA. Os miRNAs são considerados um dos principais intervenientes na regulação de muitos processos celulares fundamentais, incluindo o desenvolvimento do cancro, pelo que medeiam o efeito anticancerígeno da maioria das terapêuticas.

No presente trabalho, tentámos elucidar a potencial eficiência de diferentes classes e subclasses de polifenóis na modulação da expressão de miRNAs em diferentes tipos de cancro, e se esta modulação estava associada ao efeito anti-carcinogénico destes polifenóis. Uma compreensão detalhada da regulação do miRNA por agentes naturais poderia fornecer informações essenciais para melhorar os regimes terapêuticos utilizando polifenóis.

A partir dos diferentes estudos e investigações que apresentámos neste livro, ficou claro que a maioria dos estudos foi realizada *in vitro* e apenas alguns estudos *in vivo* utilizando diferentes modelos animais e muito poucos ensaios clínicos foram comunicados. Além disso, foram utilizados polifenóis nativos em concentrações elevadas em vez de metabolitos. Como já foi referido, a maioria dos polifenóis é absorvida pelo intestino, onde é metabolizada pelo microbiota intestinal para formar vários derivados. Consequentemente, os polifenóis estão presentes na circulação sob a forma metabólica, que é estruturalmente diferente das moléculas nativas. O impacto dos polifenóis nativos em concentrações elevadas na expressão do miRNA pode ser diferente do impacto dos seus metabolitos circulantes em concentrações baixas fisiologicamente relevantes (Milenkovic et al. 2013).

São necessários mais estudos centrados na relevância clínica e no mecanismo de modificação epigenética da forma metabólica real dos polifenóis para avaliar melhor a aplicabilidade destes factores dietéticos como agentes preventivos e terapêuticos eficazes contra o cancro. Além disso, são ainda necessários mais estudos mecanicistas para elucidar os alvos moleculares exactos e as vias de sinalização moduladas pela interação miRNA-polifenóis. E, finalmente, a quantidade ideal de polifenóis dietéticos necessária para exercer um efeito anticancerígeno potente também precisa de ser mais esclarecida.

Tabela 1: Lista de alguns miRNAs desregulados por diferentes polifenóis em vários tipos de cancro.

Type of polyphenol	Polyphenol Subclass	Type of cancer	Target miRNAs	Affected pathways	Reference
Phenolic acids	**Gallic acid**	glioma cell line T98G	miR-17-3p, miR-21-5p, and miR-421	mitochondrial antioxidant capacity	(Paolini et al. 2015)
	Gallic acid	human chondrosarcoma cells SW1353	miR-518b	mitochondrial-dependent apoptotic pathway	(Liang et al. 2014)
	Caffeic acid	Breast cancer and hepatocellular carcinomas	miR-148a	TGFβ/SMAD2 signaling pathway	(Li et al. 2015)
	Ellagitannin (BJA3121)	HepG2 Hepatocellular carcinomas	let-7e, miR-370, miR-373*, miR-526b, let-7a, let-7c and let-7d	Cell differentiation and proliferation	(Wen et al. 2009)
	mixture of Ellagitannins-metabolites	Colorectal cancer	miR-224	P21 pathway	(González-Sarrías et al. 2016)
	Ellagic acid	E2-mediated mammary tumorigenesis rat model	miR- 182, miR-183, miR-375, miR-122, miR -127 and miR -206	Estrogen-receptor signaling	(Munagala et al. 2013)
	Caffeic acid	Breast cancer and hepatocellular carcinomas	miR-148a	TGFβ/SMAD2 signaling pathway	(Li et al. 2015)

Flavonoids	Flavanols Epigallocatechin-3-gallate	Hepatocellular carcinomas	miR-16	Bcl-2 apoptotic pathway	(Tsang & Kwok 2010)
		Lung cancer	mir-210	HIF-1α pathway	(Wang et al. 2011)
		Neuroblastoma	miR-106b, miR-92, miR-9, miR-34a, miR-7-1, and miR-99a	Receptor and mitochondria mediated apoptotic pathways	(Chakrabarti et al. 2012)
		Non-small cell lung cancer	miR-98–5p	MAPK signaling pathway	(Zhou et al. 2014)
		Colorectal cancer	miR-34a, miR-200c and miR-145	self-renewal driving pathways (Notch, Bmi1, Suz12 and Ezh2)	(Toden et al. 2016)
		melanoma	let-7b	67LR signaling pathway	(Tsukamoto et al. 2014)
		osteosarcoma	mir-1	c-Met pathway	(Zhu & Wang 2016)
		Nasopharyngeal carcinoma Cells	miR-1246, miR-210, miR-miR-1915, miR-1973, miR-34a and miR-205-3p	MAPK and Wnt signaling pathways	(Li et al. 2017)
	Flavonols Quercetin	Lung cancer	Let-7 family members	Different signaling pathway	(Lam et al. 2012)
		Pancreatic cancer	Let-7 family	Numb and Notch signaling	(Nwaeburu et al. 2016)
	Flavonols Quercetin	ovarian carcinoma cells	mir-145	Caspase-dependent pathway	(Avgeris et al. 2013)

Flavonoids	Flavonols Quercetin	Breast cancer	miR-146a	Caspase-dependent pathway	(Tao et al. 2015)
		Gastric cancer	mir-143	Autophagy inhibition	(Du et al. 2015)
		Pancreatic cancer	miR-200b-3p	Notch signaling	(Nwaeburu et al. 2017)
	Isoflavones Genistein	Breast cancer	miR-23b	Cell proliferation	(Avci et al. 2015)
		Breast cancer	miR-155	Wnt/β-catenin signaling	(De La Parra et al. 2016)
		Pancreatic cancer	miR-34a	Notch signaling	(Xia et al. 2012)
		Pancreatic cancer	miR-146a	NF-kappaB activation	(Li et al. 2010)
		Pancreatic cancer	miR-223	EMT and chemosensitivity	(Ma et al. 2013)
		Prostate cancer	miR-574-3p	intrinsic and extrinsic apoptotic pathway	(Chiyomaru et al. 2013)
		Prostate cancer	miR-1296	minichromosome maintenance genes	(Majid et al. 2010)
		Prostate cancer	miR-1260b	Wnt signaling pathway	(Hirata et al. 2014)
		Prostate cancer	miR-151	Migration and invasion	(Chiyomaru et al. 2012)
	Isoflavones mixture	Prostate cancer	miR-29a and miR-1256	cell growth and invasion	(Li et al. 2012)
	Daidzein	Prostate cancer	miR-548b-5p and miR-15a	Cell proliferation	(Rabiau et al. 2011)
	Flavones Apigenin	Neuroblastoma	miR-138	Apoptotic pathway	(Chakrabarti et al. 2013)
		Glioma	miR-16	NF-κB/MMP9 signaling pathway	(Chen et al. 2016)

Lignans	Flaxseed SDG	Ovarian cancer	miR-200a, miR-200b and miR-429	proliferative phase of branching morphogenesis	(Hales et al. 2014)
Stilbens	Resveratrol	Breast cancer	miR-16, miR-141, miR-143, miR-200c, and miR-340	cancer stem-like cell characteristics	(Hagiwara et al. 2012)
		Breast cancer	miR-125b-5p, miR-409-3p, miR-122-5p, miR-200c-3p, and miR-542-3p	Apoptosis and cell cycle pathways.	(Venkatadri et al. 2016)
		Colorectal cancer	mir-34c	PI3K/Akt pathway	(S. Yang et al. 2015)
		Colorectal cancer	miR-96	K-ras signaling pathway	(Saud et al. 2014)
		Osteosarcoma	Mir-328	matrix metalloproteinase activity	(S.-F. Yang et al. 2015)
		Lung cancer	miRNA-622	K-ras signaling pathway	(Han et al. 2012)
		Prostate cancer	miR-17, miR-20a, miR-20b, miR-106a and miR106b.	PTEN pathway	(Dhar et al. 2011)
		Prostate cancer	miR-21	AKT pathway	(Sheth et al. 2012)
Curcuminoids	Curcumin and curcumin analogs	Colorectal cancer	mir-21	AP-1 transcriptional activity, invasion and metastasis	(Mudduluru et al. 2011)
		Prostate cancer	mir-21	NF-κB signaling	(Yang et al. 2013)
		Prostate cancer	mir-21	Hypoxia signaling pathway	(Bao, Ahmad, et al. 2012)
		Prostate cancer	mir-221	PTEN pathway	(Sarkar et al. 2013)
		Oral squamous	mir-31	AKT signaling	(Lu et al.

		cell carcinoma		pathway	2014)
		Breast cancer	mir-34a	Apoptotic pathway	(Guo et al. 2013)
		Colon cancer	miR-34a and miR-34c	Notch signaling pathway	(Roy et al. 2012)
Curcuminoids	Curcumin and curcumin analogs	Bladder cancer	mir-203	Src-Akt axis	(Saini et al. 2011)
		Pancreatic cancer	mir-200c	matrix metalloproteinase controlling tumor invasion	(Soubani et al. 2012)
		Pancreatic cancer	miR-200 and miR-21	PI3K/Akt/mTOR signaling pathway	(Bao et al. 2011)
		Esophageal cancer	miR-21, miR-34a, let-7a	Notch signaling pathway	(Subramaniam et al. 2012)

Referências

Abuajah, C.I., Ogbonna, A.C. & Osuji, C.M., 2015. Componentes funcionais e propriedades medicinais dos alimentos: uma revisão. *Jornal de Ciência e Tecnologia Alimentar*, 52(5), pp.2522-2529.

Achkar, N.P., Cambiagno, D.A. & Manavella, P.A., 2016. miRNA Biogenesis: Um caminho dinâmico. *Tendências em Ciências Vegetais,* 21(12), pp.1034-1044.

Adolphe, J.L. et al., 2010. Efeitos na saúde com o consumo do diglucósido secoisolariciresinol da lignana do linho. *British Journal of Nutrition,* 103(7), p.929.

Ahmad, A. et al., 2011. A fosfoglucose isomerase/fator de motilidade autócrina medeia a transição epitelial-mesenquimal regulada por miR-200 em células de cancro da mama. *Investigação sobre o Cancro,* 71(9), pp.3400-3409.

Ansenberger, K. et al., 2010. Diminuição da gravidade do cancro do ovário e aumento da sobrevivência em galinhas alimentadas com uma dieta enriquecida com sementes de linhaça durante 1 ano. *Gynecologic Oncology*, 117(2), pp.341-347.

Appari, M. et al., 2014. O sulforafano, a quercetina e as catequinas complementam-se na eliminação do cancro pancreático avançado através da indução do miR-let-7 e da inibição do K-ras. *Jornal Internacional de Oncologia,* 45(4), pp.1391-1400.

Asangani, I.A. et al., 2008. O microRNA-21 (miR-21) regula pós-transcricionalmente o supressor de tumores Pdcd4 e estimula a invasão, o intravasamento e as metástases no cancro colorrectal. *Oncogene,* 27(15), pp.2128-2136.

Avci, C.B. et al., 2015. A expressão de mir-23b induzida pela genisteína inibe o crescimento de células de cancro da mama. *Oncologia contemporânea (Poznan, Polónia),* 19(1), pp.32-5.

Avgeris, M. et al., 2013. A perda do supressor de tumores miR-145 resulta numa menor sobrevivência livre de doença dos doentes com cancro da próstata. *British Journal of Cancer*, 108(12), pp.2573-2581.

Baer, C., Claus, R. & Plass, C., 2013. Regulação epigenética de todo o genoma de miRNAs no câncer. *Investigação sobre o cancro,* 73(2), pp.473-477.

Balunas, M.J. & Kinghorn, A.D., 2005. Drug discovery from medicinal plants. Em *Ciências da Vida*. pp. 431-441.

Banerjee, S. et al., 2008. Terapia multi-direccionada do cancro por genisteína. *Cancer Letters,* 269(2), pp.226-242.

Bao, B. et al., 2011. A atividade antitumoral de um novo composto - CDF - é mediada pela regulação de miR-21, miR-200 e pten no cancro do pâncreas. *PLoS ONE,* 6(3).

Bao, B., Ali, S., et al., 2012. O análogo da curcumina CDF inibe o crescimento do tumor pancreático, ativando microRNAs supressores e atenuando a expressão de EZH2. *Investigação sobre o cancro,* 72(1), pp.335-345.

Bao, B., Ahmad, A., et al., 2012. A agressividade induzida pela hipóxia das células de cancro da próstata está ligada à expressão desregulada de VEGF, IL-6 e miRNAs que são atenuados pelo CDF. *PLoS ONE*, 7(8).

Bartel, D.P., 2004. MicroRNAs: Genomics, Biogenesis, Mechanism, and Function. *Cell*, 116(2), pp.281-297.

Bohn, T., 2014. Factores dietéticos que afectam a biodisponibilidade dos polifenóis. *Nutrition Reviews,* 72(7), pp.429-452.

Busch, C. et al., 2015. Actividades epigenéticas dos flavonóides na prevenção e tratamento do cancro. *Clinical Epigenetics,* 7(1), p.64.

Calin, G.A. et al., 2004. Os genes de microRNA humanos estão frequentemente localizados em locais frágeis e regiões genómicas envolvidas em cancros. *Actas da Academia Nacional das Ciências dos Estados Unidos da América,* 101(9), pp.2999-3004.

Campos-Viguri, G.E. et al., 2015. miR-23b como um potencial supressor tumoral e a sua regulação pela metilação do ADN no cancro do colo do útero. *Agentes Infecciosos e Cancro,* 10(1), p.42. Disponível em: http://www.infectagentscancer.com/content/10/1Z42.

Catalgol, B. et al., 2012. Resveratrol: Paradoxo francês revisitado. *Fronteiras em Farmacologia,* 3 JUL.

Chakrabarti, M. et al., 2012. Alterações na expressão de microRNAs específicos por combinação de 4-HPR e EGCG inibiram o crescimento de células de neuroblastoma maligno humano. *Brain Research,* 1454, pp.1-13.

Chakrabarti, M., Banik, N.L. & Ray, S.K., 2013. A superexpressão de MiR-138 é mais poderosa do que o knockdown de hTERT para potencializar a apigenina para apoptose em neuroblastoma in vitro e in vivo. *Experimental Cell Research,* 319(10), pp.15751585.

Chandrasekharan, A.A., 2013. Farmacocinética das isoflavonas dietéticas. *Jornal de Esteróides e Ciência Hormonal,* s12(1).

Chang, T.-C. et al., 2007. Transactivation of miR-34a by p53 Broadly Influences Gene Expression and Promotes Apoptosis. *Molecular Cell,* 26(5), pp.745-752.

Chen, X.J. et al., 2016. A apigenina inibe o crescimento de células de glioma através da promoção de microRNA-16 e supressão de BCL-2 e fator nuclear-KB / MMP-9. *Relatórios de Medicina Molecular*, 14(3), pp.2352-2358.

Chiyomaru, T. et al., 2012. A genisteína suprime o crescimento do cancro da próstata através da inibição do MicroRNA-151 oncogénico. *PLoS ONE,* 7(8).

Chiyomaru, T. et al., 2013. A genisteína regula positivamente o supressor de tumor MicroRNA-574- 3p no câncer de próstata. *PLoS ONE*, 8(3).

Clifford, M.N. & Scalbert, A., 2000. Revisão dos elagitaninos - natureza, ocorrência e carga alimentar. *Journal of the Science of Food and Agriculture,* 80 (novembro de 1999), pp.1118-1125.

Cragg, G.M. & Newman, D.J., 2005. Plantas como fonte de agentes anti-cancerígenos. *Journal of Ethnopharmacology*, 100(1-2), pp.72-79.

Dashwood, R.H., 2007. Frontiers in Polyphenols and Cancer Prevention (Fronteiras em Polifenóis e Prevenção do Cancro). *The Journal of Nutrition,* pp.267-269.

Demain, A.L. & Vaishnav, P., 2011. Produtos naturais para a quimioterapia do cancro. *Microbial Biotechnology,* 4(6), pp.687-699.

Dhar, S., Hicks, C. & Levenson, A.S., 2011. Resveratrol e cancro da próstata: Promising role for microRNAs. *Molecular Nutrition and Food Research,* 55(8), pp.1219-1229.

Du, F. et al., 2015. O MicroRNA-143 aumenta a quimiossensibilidade da quercetina através da inibição da autofagia através do alvo GABARAPL1 em células de cancro gástrico. *Biomedicina e Farmacoterapia,* 74, pp.169-177.

Esquela-Kerscher, A. et al., 2008. O microRNA let-7 reduz o crescimento tumoral em modelos de ratinhos com cancro do pulmão. *Cell Cycle,* 7(6), pp.759-764.

Gao, S. et al., 2012. A curcumina pura diminui a expressão de WT1 através da regulação positiva de miR-15a e miR-16-1 em células leucémicas. *Jornal de investigação experimental e clínica do cancro: CR,* 31, p.27.

Gilbert, E.R. & Liu, D., 2010. Os flavonóides influenciam a atividade das enzimas modificadoras da epigenética: relações entre estrutura e função e o potencial terapêutico para o cancro. *Química medicinal atual,* 17(17), pp.1756-1768.

Gonzalez-Sarrias, A. et al., 2016. Caracterização abrangente dos efeitos do ácido elágico e das urolitinas no cancro colorrectal e nas principais marcas moleculares associadas: Indução específica de células de microRNA de CDKN1A (p21) como um mecanismo comum envolvido. *Molecular Nutrition and Food Research,* 60(4), pp.701-716.

Gulgin, I., 2006. Atividade antioxidante do ácido cafeico (ácido 3,4-dihidroxicinâmico). *Toxicologia,* 217(2-3), pp.213-220.

Guo, J. et al., 2013. Efeitos sinérgicos da curcumina com emodina contra a proliferação e invasão de células de cancro da mama através da regulação positiva de miR-34a. *Molecular and Cellular Biochemistry,* 382(1-2), pp.103-111.

Hagiwara, K. et al., 2012. Os derivados de estilbeno promovem a atividade de microRNA supressora de tumores dependente de Ago2. *Relatórios Científicos,* 2(1), p.314.

Hales, K.H. et al., 2014. Descobrindo eventos moleculares associados aos efeitos quimiossupressores da linhaça: uma análise de microarray do modelo de galinha poedeira de câncer de ovário. *BMC Genomics,* 15(1), p.709.

Han, Z. et al., 2012. O MicroRNA-622 funciona como um supressor de tumores, visando o K-Ras e aumentando o efeito anticarcinogénico do resveratrol. *Carcinogénese,* 33(1), pp.131-139.

Hanahan, D. & Weinberg, R. a, 2000. the Hallmark of Cancer. *Cell,* 60, pp.319-326.

Heber, D., 2008. Terapia multiobjectivo do cancro por elagitaninos. *Cancer Letters,* 269(2), pp.262-268.

Hermeking, H., 2010. A família miR-34 no cancro e na apoptose. *Morte celular e diferenciação,* 17(2), pp.193-199.

Hirata, H. et al., 2014. A genisteína regula negativamente o onco-miR-1260b e regula positivamente sFRP1 e Smad4 através da desmetilação e modificação de histonas em células de cancro da próstata. *British Journal of Cancer,* 110(6), pp.1645-1654.

Hollman, P.C.H. et al., 1995. Absorção de glicosídeos de quercetina e quercetina da dieta em voluntários saudáveis com ileostomia. *American Journal of Clinical Nutrition,* 62(6), pp.1276-1282.

Huang, B.-S. et al., 2013. O microRNA-223 promove o crescimento e a invasão de células de glioblastoma, tendo como alvo o supressor de tumor PAX6. *Oncology reports,* 30(5), pp.2263-9.

Imran, M. et al., 2015. Potenciais propriedades protectoras do lignano de linho secoisolariciresinol diglucoside. *Nutrition Journal,* 14(1), p.71.

Jemal, A. et al., 2010. Global patterns of cancer incidence and mortality rates and trends (Padrões globais de incidência de cancro e taxas e tendências de mortalidade). *Cancer epidemiology, biomarkers & prevention: a publication of the American Association for Cancer Research, co-patrocinada pela American Society of Preventive Oncology,* 19(8), pp.1893-907.

Jiang, L. et al., 2014. A sobreexpressão de miR-126 sensibiliza as células de osteossarcoma para a apoptose induzida pela epigalocatequina-3-galato. *Revista mundial de oncologia cirúrgica,* 12(1), p.383.

Karmakar, S. et al., 2009. O inibidor de Bcl-2 e a apigenina funcionaram sinergicamente em linhas celulares de neuroblastoma maligno humano e aumentaram a apoptose com a ativação de vias extrínsecas e intrínsecas. *Biochemical and Biophysical Research Communications,* 388(4), pp.705-710.

Katsuyama, Y., Kita, T. & Horinouchi, S., 2009. Identificação e caraterização de múltiplas curcumina sintases da erva Curcuma longa. *FEBS Letters,* 583(17), pp.2799-2803.

De La Parra, C. et al., 2016. A regulação negativa do miR-155 mediada pela isoflavona da soja contribui para os efeitos anticancerígenos da genisteína. *Nutrição e Cancro,* 68(1), pp.154-164.

Lafay, S. & Gil-Izquierdo, A., 2008. Biodisponibilidade de ácidos fenólicos. *Phytochemistry Reviews,* 7(2), pp.301-311.

Lam, T.K. et al., 2012. Influência da ingestão de alimentos ricos em quercetina na expressão de microRNA em tecidos de cancro do pulmão. *Cancer epidemiology, biomarkers & prevention: a publication of the American Association for Cancer Research, cosponsored by the American Society of Preventive Oncology,* 21(12), pp.2176-84.

Lazarevic, B. et al., 2011. Eficácia e segurança da intervenção de curto prazo com genisteína em pacientes com cancro da próstata localizado antes da prostatectomia radical: A randomized, placebo-controlled, double-blind phase 2 clinical trial. *Nutrition and Cancer,* 63(6), pp.889-898.

Li, B.-B. et al., 2017. A epigalocatequina-3-galato modula os perfis de expressão de microRNA em células CNE2 de carcinoma nasofaríngeo humano. *Jornal médico chinês,* 130(1), pp.93-99.

Li, Y. et al., 2015. O bloqueio do TGF^-SMAD2 pelo miR-148a ativado por desmetilação está envolvido na inibição induzida pelo ácido cafeico das propriedades semelhantes às células estaminais cancerígenas in vitro e in vivo. *FEBS Open Bio,* 5, pp.466-475.

Li, Y. et al., 2012. A desregulação epigenética do miR-29a e do miR-1256 pela isoflavona contribui para a inibição do crescimento e da invasão das células do cancro da próstata.

Epigenetics, 7(8), pp.940-949.

Li, Y. et al., 2010. miR-146a suprime a invasão de células cancerígenas pancreáticas. *Investigação sobre o cancro,* 70(4), pp.1486-1495.

Li, Y. & Zhang, T., 2014. Visando células-tronco cancerosas por curcumina e aplicações clínicas. *Cancer Letters,* 346(2), pp.197-205.

Liang, W. et al., 2014. O ácido gálico induz a apoptose e inibe a migração celular através da regulação positiva do miR-518b em células de condrossarcoma humano SW1353. *Jornal Internacional de Oncologia,* 44(1), pp.91-98.

Liebert, M.A. et al., 2005. Chemosensitization and Radiosensitization of Tumors by Plant Polyphenols (Quimiossensibilização e radiossensibilização de tumores por polifenóis de plantas). *Antioxidants & Redox Signaling,* 7(55), pp.1630-1647.

Lu, W.C. et al., 2014. O EGF regula positivamente o miR-31 através da cascata de sinal C/EBPp no carcinoma oral. *PLoS ONE,* 9(9).

Lu, Y. et al., 2010. O ácido gálico suprime a viabilidade celular, a proliferação, a invasão e a angiogénese em células de glioma humano. *Jornal Europeu de Farmacologia,* 641(2-3), pp.102-107.

Ma, J. et al., 2013. A genisteína regula negativamente a expressão de miR-223 em células de cancro pancreático. *Alvos actuais de medicamentos,* 14(10), pp.1150-1156.

Mahmoud, A.M., Yang, W. & Bosland, M.C., 2014. Isoflavonas de soja e cancro da próstata: Uma revisão dos mecanismos moleculares. *O Jornal de Bioquímica de Esteróides e Biologia Molecular,* 140, pp.116-132.

Majid, S. et al., 2010. Regulação da família de genes de manutenção do minicromossoma por MicroRNA-1296 e genisteína no cancro da próstata. *Investigação sobre o cancro,* 70(7), pp.2809-2818.

Marugame, T. & Katanoda, K., 2006. International comparisons of cumulative risk of breast and prostate cancer, from Cancer Incidence in Five Continents Vol. VIII. *Jornal Japonês de Oncologia Clínica,* 36(6), pp.399-400.

Mattes, J., Yang, M. & Foster, P.S., 2007. Regulação do microRNA por antagomirs: Uma nova classe de antagonistas farmacológicos para a regulação específica da função genética? *American Journal of Respiratory Cell and Molecular Biology,* 36(1), pp.8-12.

Milenkovic, D., Jude, B. & Morand, C., 2013. miRNA como alvo molecular de polifenóis subjacentes aos seus efeitos biológicos. *Biologia e Medicina dos Radicais Livres,* 64, pp.40-51.

Misso, G. et al., 2014. Mir-34: Uma nova arma contra o cancro? *Terapia Molecular - Ácidos Nucleicos,* 3, p.e195.

Moree, S.S. & J, R., 2011. Secoisolariciresinol Diglucoside: Um potente fitoestrogénio bioativo multifacetado de sementes de linhaça. *Investigação e revisões em biomedicina e biotecnologia,* 2(3), pp.1-24.

Mudduluru, G. et al., 2011. A curcumina regula a expressão de miR-2 1 e inibe a invasão e a metástase no cancro colorrectal. *Bioscience reports,* 31(3), pp. 185-97.

Munagala, R. et al., 2013. MicroRNA "assinatura" durante a carcinogénese mamária mediada por estrogénio e a sua reversão pela intervenção do ácido elágico. *Cancer Letters*, 339(2), pp.175-184.

Natarajan, K. et al., 1996. O éster fenetílico do ácido cafeico é um inibidor potente e específico da ativação do fator de transcrição nuclear NF-kappa B. *Proceedings of the National Academy of Sciences of the United States of America,* 93(17), pp.9090-5.

Newman, D.J. & Cragg, G.M., 2012. Produtos naturais como fontes de novos medicamentos ao longo dos 30 anos de 1981 a 2010. *Journal of Natural Products,* 75(3), pp.311-335.

Nwaeburu, C.C. et al., 2017. O miR-200b-3p induzido pela quercetina regula o modo de divisões de auto-renovação no cancro pancreático. *Cancro Molecular,* 16(1), p.23. Disponível em: http://molecular-cancer.biomedcentral.com/articles/10.1186/s12943- 017-0589-8.

Nwaeburu, C.C. et al., 2016. A regulação positiva do microRNA let-7c pela quercetina inibe a progressão do câncer pancreático pela ativação de Numbl. *Oncotarget,* 7(36), pp.58367-58380.

Olive, V., Jiang, I. & He, L., 2010. Mir-17-92, um grupo de miRNAs no meio da rede do cancro. *International Journal of Biochemistry and Cell Biology*, 42(8), pp.1348-1354.

Ostling, P. et al., 2011. Análise sistemática de microRNAs que visam o recetor de androgénio em células de cancro da próstata. *Investigação sobre o cancro,* 71(5), pp.1956-1967.

Paolini, A. et al., 2015. O ácido gálico exerce um efeito protetor ou anti-proliferativo nas células T98G do glioma através da regulação epigenética dependente da dose mediada por miRNAs. *Jornal Internacional de Oncologia*, 46(4), pp.1491-1497.

Parasramka, M.A. et al., 2012. MicroRNAs, dieta e cancro: Novos conhecimentos mecanicistas sobre as acções epigenéticas dos fitoquímicos. *Molecular Carcinogenesis*, 51(3), pp.213-230.

Patel, K.R. et al., 2011. Ensaios clínicos do resveratrol. *Anais da Academia de Ciências de Nova Iorque,* 1215(1), pp.161-169.

Pekarsky, Y. & Croce, C.M., 2015. Papel do miR-15/16 na CLL. *Morte celular e diferenciação,* 22(1), pp.6-11.

Perron, N.R. & Brumaghim, J.L., 2009. Uma revisão dos mecanismos antioxidantes dos compostos de polifenóis relacionados com a ligação ao ferro. *Bioquímica e Biofísica Celular*, 53(2), pp.75-100.

Polkowski, K. & Mazurek, A.P., 2000. Propriedades biológicas da genisteína. Uma revisão dos dados in vitro e in vivo. *Ata Poloniae Pharmaceutica - Investigação sobre medicamentos,* 57(2), pp.135-155.

Rabiau, N. et al., 2011. miRNAs diferencialmente expressos em linhas celulares de cancro da próstata após tratamento com soja. *In Vivo,* 25(6), pp.917-921.

Ross, S.A. & Davis, C.D., 2011. MicroRNA, nutrição e prevenção do cancro. *Advances in nutrition (Bethesda, Md.),* 2(6), pp.472-85.

Roy, S. et al., 2012. A expressão do miR-34 é perdida no cancro do cólon, que pode ser reexpressa por um novo agente CDF. *Jornal de Hematologia e Oncologia*, 5(1), p.58.

Saini, S. et al., 2011. A curcumina modula a regulação mediada pelo microRNA-203 do eixo Src-Akt no cancro da bexiga. *Investigação sobre a Prevenção do Cancro,* 4(10), pp.1698-1709.

Sarkar, S. et al., 2013. A regulação negativa do miR-221 inibe a proliferação de células de cancro pancreático através da regulação positiva de PTEN, p27 (kip1), p57 (kip2) e PUMA. *Revista americana de investigação do cancro,* 3(5), pp.465-77.

Saud, S.M. et al., 2014. O resveratrol previne a tumorigénese no modelo de rato do cancro colorrectal esporádico ativado por Kras, suprimindo a expressão oncogénica de Kras. *Carcinogénese,* 35(12), pp.2778-2786.

Savouret, J.F. & Quesne, M., 2002. Resveratrol e cancro: A review. *Biomedicina e Farmacoterapia,* 56(2), pp.84-87.

Shen, T., Wang, X.-N. & Lou, H.-X., 2009. Stilbenos naturais: uma visão geral. Natural *Product Reports,* 26(7), p.916.

Sheth, S. et al., 2012. O resveratrol reduz o crescimento e a metástase do cancro da próstata através da inibição da via Akt/MicroRNA-21. *PLoS ONE,* 7(12).

Shishodia, S., Chaturvedi, M.M. & Aggarwal, B.B., 2007. Role of Curcumin in Cancer Therapy (Papel da curcumina na terapia do cancro). *Current Problems in Cancer,* 31(4), pp.243-305.

Siegel, R., Naishadham, D. & Jemal, A., 2012. Estatísticas do cancro, 2012. *CA Cancer J Clin,* 62, pp.10-29.

Soubani, O. et al., 2012. A reexpressão do miR-200 por novas abordagens regula a expressão de PTEN e MT1-MMP no cancro pancreático. *Carcinogénese*, 33(8), pp.1563-1571.

Subramaniam, D. et al., 2012. A curcumina induz a morte celular em células de cancro do esófago através da modulação da sinalização Notch. *PLoS ONE*, 7(2).

Tantamango-Bartley, Y. et al., 2013. Dietas vegetarianas e a incidência de cancro numa população de baixo risco. *Cancer Epidemiology Biomarkers and Prevention,* 22(2), pp.286-294.

Tao, S. feng, He, H. fei & Chen, Q., 2015. A quercetina inibe os actos de proliferação e invasão através da regulação positiva do miR-146a em células de cancro da mama humano. *Molecular and Cellular Biochemistry*, 402(1-2), pp.93-100.

Tili, E. et al., 2010. O resveratrol modula os níveis de microRNAs que visam genes que codificam supressores de tumores e efetores da via de sinalização TGFp em células SW480. *Biochemical Pharmacology,* 80(12), pp.2057-2065.

Toden, S. et al., 2016. A epigalocatequina-3-galato tem como alvo as células estaminais cancerígenas e aumenta a quimiossensibilidade ao 5-fluorouracil no cancro colorrectal. *Oncotarget*, 7(13), pp.16158-16171.

Tong, A. & Nemunaitis, J., 2008. Modulação da atividade do miRNA no cancro humano: um novo paradigma para a terapia genética do cancro? *Cancer Gene Therapy,* 158(10), pp.341355.

Tsang, W.P. & Kwok, T.T., 2010. O galato de epigalocatequina regula positivamente o miR-

16 e induz a apoptose em células cancerígenas humanas. *The Journal of nutritional biochemistry,* 21(2), pp.140-6.

Tsukamoto, S. et al., 2014. A ativação da proteína fosfatase 2A (PP2A) dependente do recetor de laminina 67-kDa provoca atividade antitumoral específica do melanoma, superando a resistência aos medicamentos. *Jornal de Química Biológica,* 289(47), pp.32671-32681.

Tuorkey, M., 2014. A curcumina é um potente agente preventivo do cancro: Mecanismos de morte de células cancerígenas. *Medicina Interventiva e Ciência Aplicada,* 6(4), pp.139-146.

Venkatadri, R. et al., 2016. Papel dos miRNAs relacionados à apoptose na morte celular do câncer de mama induzida pelo resveratrol. *Cell Death and Disease,* 7(2), p.e2104.

Verma, A.K. & Pratap, R., 2012. Química de flavonas biologicamente importantes. *Tetrahedron,* 68(41), pp.8523-8538.

Vilela, P.D.G.F. et al., 2015. Efeito in vitro do éster fenetílico do ácido cafeico sobre as metaloproteinases da matriz (MMP-1 e MMP-9) e seu inibidor (TIMP-1) em monócitos humanos ativados por lipopolissacarídeo. *Arquivos de Biologia Oral,* 60(9), pp.1196-1202.

Wang, H., Bian, S. & Yang, C.S., 2011. O polifenol do chá verde EGCG suprime o crescimento das células do cancro do pulmão através da regulação positiva da expressão de miR-210 causada pela estabilização de HIF-1?? *Carcinogénese,* 32(12), pp.1881-1889.

Wang, T.T.Y., Sathyamoorthy, N. & Phang, J.M., 1996. Molecular effects of genistein on estrogen recetor mediated pathways (Efeitos moleculares da genisteína nas vias mediadas pelo recetor de estrogénio). *Carcinogénese,* 17(2), pp.271-275.

Wen, X.Y. et al., 2009. Ellagitannin (BJA3121), um composto polifenólico natural anti-proliferativo, pode regular a expressão de MiRNAs em células cancerígenas HepG2. *Investigação em Fitoterapia,* 23(6), pp.778-784.

Winter, J. et al., 2009. Muitos caminhos para a maturidade: vias de biogénese de microRNA e sua regulação. *Nature Cell Biology,* 11(3), pp.228-234. Disponível em: http://www. nature .com/do ifinder/10.1038/ncb0309-228.

Wu, a H. et al., 1998. Soy intake and risk of breast cancer in Asians and Asian Americans (Consumo de soja e risco de cancro da mama em asiáticos e asiático-americanos). *The American journal of clinical nutrition,* 68(6 Suppl), p.1437S- 1443S.

Xia, J. et al., 2012. Genistein Inhibits Cell Growth and Induces Apoptosis Through Upregulation of miR-34a in Pancreatic Cancer Cells. *Current Drug Targets*, 13(14), pp.1750-1756.

Yamada, S. et al., 2016. Epigalocatequina-3-O-galato regula positivamente a expressão de microRNA-let-7b ativando a sinalização do recetor de laminina 67-kDa em células de melanoma. *Scientific Reports,* 6(1), p.19225.

Yang, C.H. et al., 2013. O análogo da curcumina EF24 tem como alvo o NF-??B e o miRNA-21, e tem uma potente atividade anticancerígena in vitro e in vivo. *PLoS ONE,* 8(8).

Yang, S. et al., 2015. O resveratrol provoca um efeito anti-colorrectal no cancro através da ativação do miR-34c-KITLG in vitro e in vivo. *BMC Cancer,* 15(1), p.969.

Yang, S.-F. et al., 2015. A regulação positiva do miR-328 e a inibição da atividade de ligação

CREB-DNA são fundamentais para a supressão mediada pelo resveratrol da metaloproteinase-2 da matriz e subsequente capacidade metastática em osteossarcomas humanos. *Oncotarget,* 6(5), pp.2736-2753.

Yang, X., Li, X. e Ren, J., 2014. Do Paradoxo Francês ao Tratamento do Cancro: Atividades anticâncer e mecanismos de resveratrol. *Agentes anti-câncer em medicina*

Química, 14(6), pp.806-825.

Yao, L.H. et al., 2004. Flavonoids in food and their health benefits (Flavonóides nos alimentos e seus benefícios para a saúde). *Plant foods for human nutrition (Dordrecht, Países Baixos)*, 59(3), pp.113-122.

Ye, M. et al., 2015. A curcumina promove a apoptose através da ativação da via p53-miR-192-5p/215-XIAP no cancro do pulmão de células não pequenas. *Cancer Letters,* 357(1), pp.196-205.

Yong, S.L. & Dutta, A., 2007. O microRNA supressor de tumores let-7 reprime o oncogene HMGA2. *Genes e Desenvolvimento,* 21(9), pp.1025-1030.

Yu, J. et al., 2016. Isoflavonas: Benefício anti-inflamatório e possíveis advertências. *Nutrientes*, 8(6).

Yuan, J.M., 2011. Green tea and prevention of esophageal and lung cancers (Chá verde e prevenção dos cancros do esófago e do pulmão). *Molecular Nutrition and Food Research,* 55(6), pp.886-904.

Zhang, X. et al., 2015. A quercetina aumenta a sensibilidade à cisplatina das células de osteossarcoma humano, modulando o eixo microRNA-217-KRAS. *Mol Cells,* 38(7), pp.638-642.

Zhou, D.H., Wang, X. & Feng, Q., 2014. O EGCG aumenta a eficácia da cisplatina ao regular negativamente o hsa-miR-98-5p nas células NSCLC A549. *Nutrição e Cancro,* 66(4), pp.636-644.

Zhou, J. et al., 2015. A quercetina induz a apoptose de células de carcinoma ovariano humano, regulando positivamente a expressão de microRNA-145. *Relatórios de medicina molecular,* 12(2), pp.3127-3131.

Zhou, X. et al., 2015. O MiR-223 promove a resistência à cisplatina das células cancerígenas gástricas humanas através da regulação do ciclo celular, visando o FBXW7. *Jornal de investigação experimental e clínica do cancro: CR,* 34, p.28.

Zhu, K. & Wang, W., 2016. O polifenol do chá verde EGCG suprime o crescimento das células do osteossarcoma através da regulação positiva do miR-1. *Tumor Biology,* 37(4), pp.4373-4382.

MIX
Papier aus verantwortungsvollen Quellen
Paper from responsible sources
FSC® C105338

Printed by Books on Demand GmbH, Norderstedt / Germany